QUE S

Le bruit

MARIE-CLAIRE BOTTE
Chargée de Recherche au CNRS

RENÉ CHOCHOLLE
Maître de Recherche honoraire au CNRS

Quatrième édition refondue

30e mille

ISBN 2 13 038247 9

Dépôt légal — 1re édition : 1960
4e édition refondue : 1984, avril

108, boulevard Saint-Germain, 75006 Paris

INTRODUCTION

Depuis la première édition de cet ouvrage, il y a une vingtaine d'années, de grands progrès ont été réalisés dans la connaissance des effets des bruits sur l'Homme et, par conséquent, dans les moyens de mesurer le bruit dans ses dimensions les plus importantes. Parallèlement, la technologie de la réduction des bruits et, surtout, la réglementation pour la protection contre le bruit se sont beaucoup développées. Ainsi, le *Recueil des textes relatifs au bruit* publié par le *Journal officiel* compte maintenant plus de six cents pages.

Pourtant, les sources de bruits ont continué à se multiplier et leurs effets paraissent avoir atteint un niveau critique, spécialement en milieu urbain. Par ailleurs, on constate que les réglementations demeurent très mal connues, rarement appliquées et même, dans certains cas, difficilement applicables.

Tous les sondages et enquêtes concordent : plus de la moitié des Français placent le bruit au premier rang des gênes et nuisances qu'ils subissent. Plus d'un Français sur deux se plaint d'être agressé par le bruit, que ce soit sur son lieu de travail, pendant son transport, à son domicile, y compris durant les indispensables périodes de sommeil. « Il faut lire le courrier, observer les articles de presse de plus en plus nombreux, écouter les témoignages adressés aux élus, aux pouvoirs publics, pour réaliser à quel point le bruit peut susciter des détresses profondes, désorganiser la vie d'individus parfaitement sains, les mener à la maladie ou même au geste de désespoir » (M. Crépeau, ministre de l'Environnement, exposé du 8 juin 1982).

Cet ouvrage comporte d'abord un rappel des généralités sur le bruit, sa nature, ses caractères, les divers types de bruits et leurs effets sur l'Homme (chap. I). Le chapitre II examine en détail les bases psychoacoustiques des effets des bruits. La mesure des bruits, la description des indices le plus souvent utilisés pour évaluer leurs effets ainsi que les principales normes et réglementations font l'objet du chapitre III. Enfin, le chapitre IV donne un aperçu des techniques de réduction du bruit utilisées respectivement dans le bâtiment, en milieu industriel et en matière de circulation routière.

CHAPITRE PREMIER

GÉNÉRALITÉS SUR LE BRUIT

I. — Les vibrations acoustiques

Les milieux matériels qui nous environnent sont le siège de *vibrations mécaniques.* Une vibration mécanique est le mouvement d'un système matériel autour d'une position moyenne. Lorsque le système matériel en vibration est constitué par les particules d'un milieu élastique, en mouvement autour d'une position moyenne, il s'agit de *vibrations acoustiques.* Les particules telles que les molécules de l'air ou de l'eau, qui sont des milieux élastiques, peuvent être le siège de vibrations acoustiques.

L'oreille humaine n'est pas sensible à la totalité des vibrations acoustiques. Pour que les récepteurs de l'oreille soient excités, les particules en mouvement, qui sont généralement les molécules de l'air, doivent subir des vibrations dont la fréquence est limitée à une certaine gamme : entre 20 et 16 000 cycles par seconde. Certaines vibrations acoustiques échappent donc à la perception du système auditif de l'Homme. Par définition, lorsque la vibration acoustique peut évoquer une sensation auditive, il s'agit d'*un son.* Les *infrasons* sont des vibrations acoustiques de fréquence trop basse pour évoquer une sensation auditive chez l'Homme. Quant aux *ultrasons,* ils ont une fréquence trop élevée.

Ceci est la définition du son telle qu'elle est normalisée dans le *Vocabulaire de l'acoustique* édité par l'Association française de Normalisation (AFNOR).

1. **La nature du son.** — Le son est donc constitué par le mouvement des particules d'un *milieu élastique*. Ce milieu peut être gazeux, liquide ou solide. A la suite d'un ébranlement initial en un point, les particules matérielles au repos se mettent à exécuter un mouvement : si elles sont momentanément poussées, par exemple, elles s'éloignent de leur position de repos et se rapprochent des particules voisines ; il s'ensuit une *concentration* des particules aux points voisins ainsi qu'une *raréfaction* au point d'ébranlement initial ; cependant, les particules voisines et la cohésion du milieu arrêtent progressivement le mouvement des premières, qui se mettent alors à exécuter un mouvement de recul, à revenir à leur position de repos et même à dépasser cette position dans l'autre sens, avant de revenir de nouveau à leur position d'équilibre, et ainsi de suite : elles exécutent donc des *oscillations* ; les particules voisines ne subissent pas l'assaut des premières sans se trouver elles-mêmes ébranlées ; elles se mettent alors en mouvement à leur tour et dans le même sens ; leur mouvement se trouvant limité pour les mêmes raisons, elles se mettent à osciller également ; pour des raisons identiques, les suivantes en font autant et, de proche en proche, le mouvement oscillatoire se développe. Cette perturbation propagée est une *onde sonore*. Dans le vide il n'y a pas de transmission possible du son puisqu'il n'y a pas de matière. D'autres types d'onde peuvent par contre s'y propager, ce sont les ondes électromagnétiques (lumière, rayons X, ondes hertziennes, etc.).

2. **La propagation des sons.** — Il y a ainsi *propagation de proche en proche d'un mouvement oscillatoire local des particules autour de leur position de repos à la suite d'un ébranlement initial, sans propagation à distance d'éléments matériels.* Le mouvement oscillatoire en un point du milieu est d'autant plus ample et il peut se propager d'autant plus loin que l'ébranlement initial était plus intense.

Si l'ébranlement initial n'est pas entretenu, il y a *amortissement* très rapide du mouvement, en général, en chaque point du milieu atteint par le mouvement ; quelques oscillations au maximum et le milieu retrouve son état de repos initial. Si l'ébranlement initial est *entretenu,* on assiste par contre à la propagation d'une suite d'oscillations successives des particules du milieu autour de leurs positions d'équilibre respectives, c'est-à-dire d'une suite de concentrations et de raréfactions des particules. Cette propagation s'effectue à partir du point d'ébranlement initial et dans le sens du mouvement initial des particules.

La propagation se fait dans toutes les directions à partir du point d'impact. Par analogie avec les rides qui se créent sur l'eau à la suite d'un ébranlement, on dit que la propagation dans le milieu se fait sous la forme de *trains d'ondes acoustiques.*

La propagation des vibrations sonores se fait à une vitesse variable selon les milieux. Elle est d'autant plus élevée que le milieu présente une plus grande cohésion. Ainsi la vitesse du son (ou célérité), qui est d'environ 340 mètres par seconde dans l'air, atteint 1 420 m/s dans l'eau et 5 600 m/s dans l'acier.

3. **Les sons purs.** — Le mouvement oscillatoire le plus simple est celui d'un élastique fixé à ses extrémités, ou encore d'une lame métallique mince et élastique fixée à sa base et libre à son extrémité, que l'on a déplacés de leur position de repos. Lorsqu'on représente l'amplitude du déplacement d'un point en fonction du temps, la courbe obtenue a la forme d'une sinusoïde.

On dit alors que le son est *pur ou sinusoïdal* car

l'oscillation des particules se fait selon une sinusoïde pure, c'est-à-dire qu'elle peut être représentée en totalité pour chaque point en fonction du temps par une sinusoïde (fig. 1).

On appelle *cycle* une oscillation complète. Au cours d'un cycle, les particules s'écartent ainsi de leur position initiale pour y revenir finalement, après être

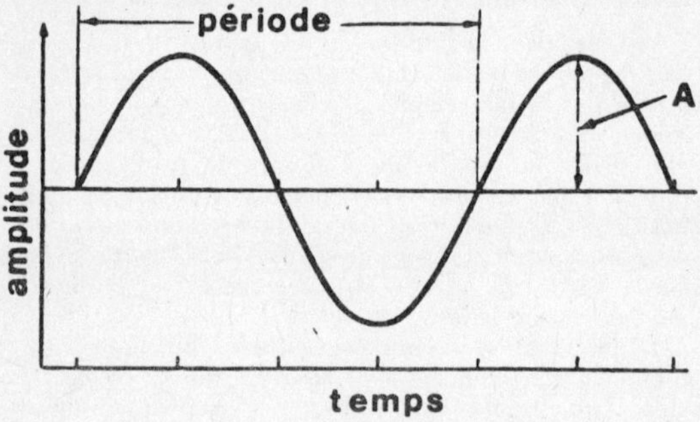

Fig. 1. — Forme d'onde d'un son pur
A : amplitude maximale

passées une seule fois par chacune des deux positions extrêmes ; un nouveau cycle peut alors recommencer ; la *période* est la durée nécessaire à un cycle entier.

4. **La fréquence et l'intensité.** — Les oscillations du milieu peuvent être plus ou moins rapprochées dans le temps, et, par conséquent, plus ou moins fréquentes ; la *fréquence* est le nombre de cycles complets effectués en une unité de temps, la seconde. On exprime la fréquence en hertz (Hz), c'est-à-dire en nombre de cycles par seconde, donc par unité de temps.

L'*intensité* dépend, pour sa part, de l'amplitude du mouvement oscillatoire (fig. 1).

5. **Les sons complexes ; leur analyse.** — Lorsque l'oscillation des particules ne se fait plus selon une sinusoïde pure, le son est dit *complexe* (fig. 2). Selon le théorème de Fourier, toute onde complexe peut être décomposée en une série d'ondes sinusoïdales différentes, en particulier du point de vue de

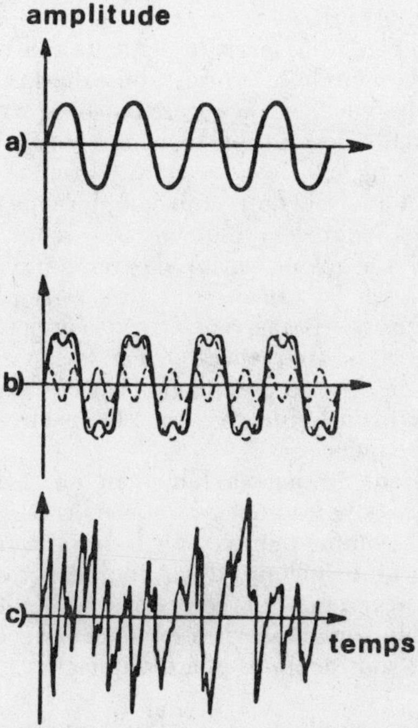

Fig. 2. — Formes d'onde de différents sons

(a) son pur ou sinusoïdal ; (b) son complexe périodique (trait plein) somme de 2 ondes sinusoïdales (traits discontinus) ; (c) son complexe non périodique (d'après J.R. Hassal et K. Zaveri 1979, avec l'autorisation des auteurs et des éditions Brüel et Kjaer) leurs fréquences et de leurs amplitudes. La somme de ces différentes composantes constitue l'onde complexe.

Lorsque l'analyse d'un son complexe aboutit à une série d'ondes sinusoïdales dont chacune a pour fréquence un multiple entier d'une même fréquence fondamentale (rapport de fréquence harmonique), le son complexe est lui-même périodique. Dans ce type de *son complexe périodique*, la forme prise par l'onde sonore se répète donc périodiquement, à la fréquence de la fondamentale. Certains sons du langage, en particulier les voyelles, ou encore les sons produits par les instruments de musique, sont des sons complexes périodiques (fig. 2).

Lorsque l'analyse d'un son complexe produit des composantes dont les fréquences ne sont pas des multiples d'une même valeur, le son complexe n'est pas périodique. Les bruits sont des *sons complexes non périodiques*, ils peuvent être décomposés en un grand nombre de fréquences et leur forme d'onde ne présente plus aucune périodicité. Un cas extrême de bruit est le bruit « blanc » dont le spectre contient toutes les fréquences.

Beaucoup de bruits, en fait, sont un mélange de sons complexes périodiques et de sons complexes non périodiques, comme par exemple le bruit d'un moteur qui comporte beaucoup d'harmoniques de la fréquence de rotation. Par contre, le bruit des pneus d'un véhicule roulant à vitesse élevée ou celui d'une chute d'eau sont des sons apériodiques.

6. **Les interactions.** — Quand plusieurs vibrations de fréquences différentes ou de même fréquence agissent sur le même milieu, les ondes correspondantes se superposent sur tout ou partie de leur trajet, l'amplitude des oscillations résultante est, en chaque point, la somme algébrique des amplitudes de chaque

onde : il y a interaction ; on peut passer selon les cas de la somme des amplitudes à leur différence.

Une technique de réduction du bruit appelée *l'antibruit*, expérimentée depuis quelques années, est basée sur cet effet. Le bruit gênant, enregistré près de sa source (source primaire), est émis à nouveau par des haut-parleurs (sources secondaires) de façon à créer une interaction entre source primaire et sources secondaires. La position des sources secondaires, ainsi que les amplitudes et les retards des différentes composantes du bruit qu'elles émettent, font l'objet de calculs complexes dans le but d'obtenir un bruit résultant minimal.

7. **Les réflexions, les échos.** — Les ondes se *réfléchissent* en partie, en général, sur les obstacles, les murs, en même temps qu'elles *sont transmises* à l'obstacle ou aux murs au travers desquels elles se propagent ; elles reviennent sur elles-mêmes, rencontrent d'autres obstacles ou d'autres murs sur lesquels elles se réfléchissent de nouveau, etc. On assiste ainsi, dans un local clos, à un accroissement important des sons émis à l'intérieur de celui-ci par réflexions, par échos successifs, ainsi qu'à la formation *d'ondes stationnaires*, avec apparition de nœuds aux endroits où l'amplitude est nulle (ou minimale) et de ventres aux endroits où l'amplitude est maximale. On conçoit ainsi que, dans un local industriel aux murs particulièrement réfléchissants, l'intensité du bruit puisse être considérable et varier d'un point à un autre, parfois même en des points très rapprochés, dans des proportions souvent importantes.

8. **Les vibrations libres et les vibrations forcées ; la résonance.** — Tout milieu a sa *fréquence propre*, dite encore fréquence naturelle, fréquence à laquelle il vibre si on le laisse libre d'osciller à sa guise, en absence de toute force extérieure (à la suite d'un ébranlement très bref par exemple), ou si on lui

impose une force constante, non oscillante : le milieu exécute alors des *vibrations libres* (vibrations dites encore naturelles). Si, par contre, le milieu est soumis à une force oscillante, c'est-à-dire à une force variant elle-même périodiquement en fonction du temps, il se trouve entraîné à vibrer sur la fréquence de la force qui l'ébranle ; le milieu subit alors des *vibrations forcées* : c'est en particulier le cas de tout milieu qui transmet les vibrations qu'il reçoit. Si la fréquence imposée est égale à la fréquence propre du milieu, celui-ci se laisse facilement entraîner, et l'amplitude des oscillations qu'il exécute peut être considérable : on dit qu'il y a *résonance*.

Les effets de la résonance s'étendent à une bande de fréquences situées de part et d'autre de la fréquence de résonance, dite bande de résonance, dont la largeur dépend du milieu ; dans cette bande, la transmission est d'autant meilleure qu'on est plus proche de la résonance. La transmission d'un milieu à un autre se trouve, par contre, réduite en dehors de cette bande de résonance.

9. **Les ondes entretenues ; l'amortissement.** — Les vibrations sont dites *entretenues* lorsque la force d'entraînement continue à s'exercer pendant un certain temps, que cette force elle-même soit périodique ou non. Si la force d'entraînement disparaît ou n'a été qu'un choc, les oscillations *s'amortissent* progressivement (fig. 3) et on retourne à l'état de repos antérieur ; de la même façon, s'amortissent également

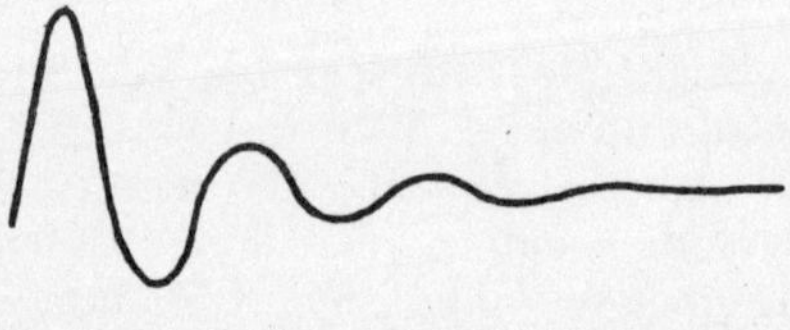

Fig. 3. — Amortissement d'une onde sinusoïdale

les ondes créées dans un enclos fermé, malgré les réflexions successives, car l'énergie réfléchie est inférieure à l'énergie incidente. Le retour à l'état de repos antérieur est d'autant plus rapide que le degré d'amortissement du milieu est plus grand.

10. **Les bruits impulsionnels.** — Les bruits impulsionnels sont caractérisés par la présence d'un pic initial d'énergie très élevé ainsi que par une durée brève, de l'ordre de quelques dixièmes de secondes. Ils peuvent résulter d'un choc mécanique (impact) entre deux solides. On peut alors observer soit des pointes de bruit isolées comme c'est le cas, par exemple, pour le bruit d'un marteau-pilon, soit des séries de pointes d'amplitudes approximativement égales beaucoup plus rapprochées dans le temps (bruit de martelage, de rivetage, de marteau-piqueur, de machine à écrire, de cyclomoteur). Des bruits impulsionnels d'un autre

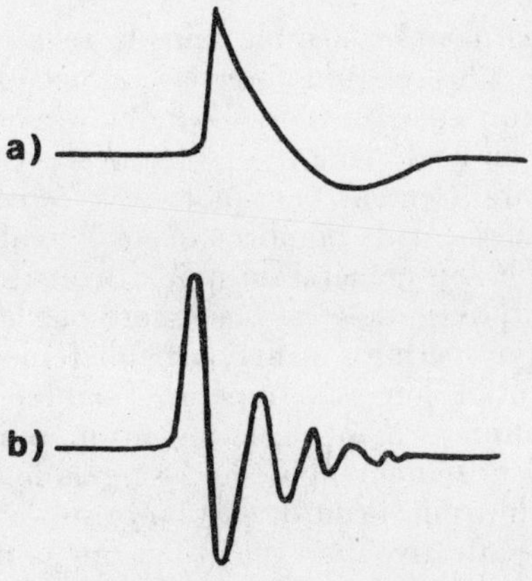

Fig. 4. — Formes d'onde des 2 types de bruits impulsionnels (a) bruit d'explosion ; (b) bruit d'impact

type peuvent résulter d'un changement brusque de la pression dans le milieu aérien (coup de feu, explosion).

Les deux formes d'ondes correspondant respectivement au type *bruit d'impact* et au type *bruit d'explosion* sont représentées sur la figure 4. Elles diffèrent essentiellement par la forme de l'amortissement qui suit le choc initial.

II. — Caractères généraux des bruits

1. **Les définitions des bruits.** — Jusqu'à présent, nous avons donné une définition du bruit qui est celle du physicien. L'AFNOR a homologué deux définitions différentes pour ce mot. L'une est physique : « Vibration acoustique erratique, intermittente ou statistiquement aléatoire » (NF S30-101, terme 08-05-130). L'autre prend en compte certains effets de ce type de vibration sur l'Homme : « Toute sensation auditive désagréable ou gênante » (NF S30-105, terme 08-25-005).

Le langage courant semble faire la même distinction. Si, de plus en plus souvent, nous entendons parler de bruit en termes de « lutte contre le bruit », c'est bien qu'il désigne les sons désagréables ou gênants. Parallèlement, ce mot sert cependant à désigner également de nombreux sons agréables, ceci montre que le sens général du mot « bruit », basé sur la définition physique, n'est pas ignoré par le langage courant. A part certains bruits particulièrement intenses et souvent prolongés ou répétés, il semble que tout son qui, physiquement, est un bruit puisse être subjectivement soit agréable soit désagréable à l'Homme : bruit du train, bruit de pas ou bruit de voix.

La charge affective du concept fait que la notion de « bruit négatif » peut varier selon les moments chez une même personne. Elle varie bien sûr selon les individus et la société dégage des normes. Elle diffère selon les sociétés, et a très certainement varié selon les époques.

2. **Les caractères du bruit.** — Malgré cette variabilité, il existe un accord assez général sur le caractère bruyant de certains sons dans certaines circonstances, par exemple un atelier de chaudronnerie est très généralement considéré comme bruyant. L'ensemble des critères qui entraîne la classification des sons dans la catégorie « sons bruyants » n'est pas encore complètement connu.

L'*intensité* du son est évidemment primordiale, car tous les sons, même les plus agréables, nous apparaissent comme des bruits quand ils sont trop intenses. D'autre part, la forte *complexité* du son doit faire le plus souvent partie de ces critères ; on a d'ailleurs parfois proposé de définir les bruits comme des sons n'ayant aucun caractère tonal saillant, aucune composante nettement dominante ; mais tous les sons entrant dans cette catégorie ne nous apparaissent pas toujours forcément comme des bruits, et inversement une telle définition ne peut couvrir tout ce que nous appelons « bruit » dans le langage courant. On retient souvent également comme caractères distinctifs des bruits : leur *brièveté*, de fortes *modulations* (c'est-à-dire des variations de fréquence et d'intensité) survenant à une cadence très rapide et irrégulière, une présence importante d'harmoniques impairs et de transitoires, l'existence de discordances entre les diverses composantes, etc.

La notion de bruit est ainsi liée à la présence simultanée d'un certain nombre de caractères dont la nature et les proportions varient suivant les bruits, ayant tous une valeur affective désagréable, par eux-mêmes.

III. — Les divers types de bruit

Les divers types de bruits vis-à-vis desquels nous cherchons à nous protéger, ceux qui constituent un problème posé à notre société, appartiennent à deux

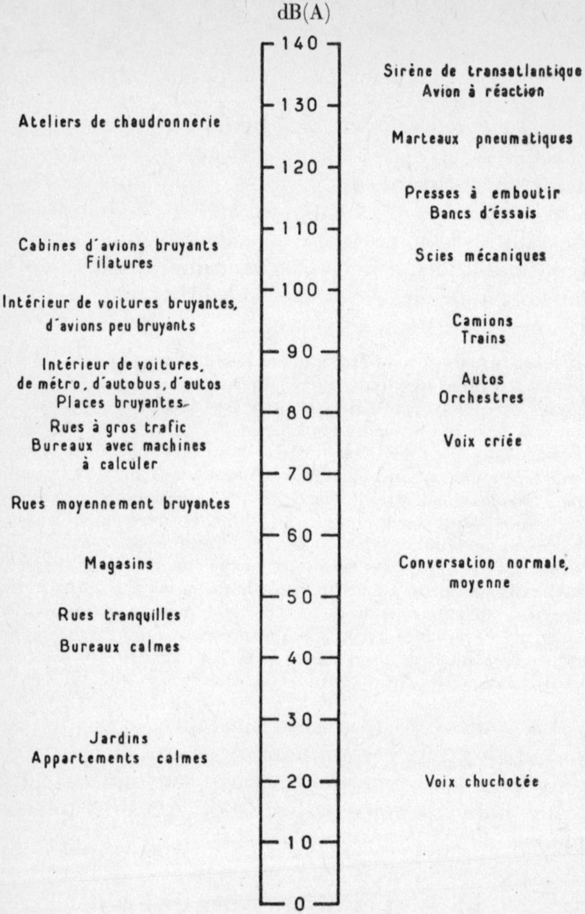

Fig. 5. — Niveaux globaux de divers bruits en décibels A (voir p. 35 et 73).

grandes catégories en fonction de leur point d'impact. On distingue, d'une part, les nuisances apportées à l'habitat et à l'environnement en général (activités agricoles, industrielles, circulation routière, aérienne, navigation, chantiers, équipements bruyants) et, d'autre part, les nuisances qui atteignent les travailleurs sur les lieux de travail (usines, chantiers, intérieur des moyens de transport, etc.).

Deux des grands fléaux de notre époque sont le bruit de la circulation automobile et le bruit industriel.

1. **Le bruit de la circulation.** — C'est le bruit dû à la circulation qui suscite la plus grande perturbation d'ordre acoustique pour les habitants des villes, et pourtant le milieu sonore des villes est composé d'une vaste gamme de bruits. Les niveaux sonores mesurés à l'intérieur même des habitations sont sous l'influence du bruit extérieur essentiellement dû à la circulation automobile. A mesure que les besoins énergétiques de notre société augmentent, les niveaux sonores s'élèvent eux aussi. Des enquêtes par sondage montrent que le pourcentage des gens dérangés par les bruits d'origine extérieure augmente de plus en plus. La proximité d'un centre commercial, d'une voie rapide, constituent des sources de gêne accrue. La présence de *pointes sonores* dépassant le bruit de fond est à l'origine de la plus grande partie de la gêne causée par la circulation. Ces pointes sont généralement dues à trois types de véhicules : voitures de sport, motocyclettes et camions. Des mesures réalisées aux Etats-Unis ont comparé les niveaux sonores dus aux voitures particulières, aux voitures de sport, aux motocyclettes et aux poids lourds. A 105 km/h le bruit des voitures particulières est du même ordre que celui des voitures de sport. Mais le bruit des motocy-

clettes à la même vitesse, ou des poids lourds à 80 km/h, est supérieur de 15 dB à celui des voitures à 105 km/h.

Les motocyclettes suscitent des plaintes fréquentes. Le bruit émis dépendrait des types de système d'admission et d'échappement des gaz plus que de la taille du moteur.

Les études effectuées sur différents types de circulation ont montré que les niveaux moyens les plus élevés sont constatés lors de trafic continu à grande vitesse, donc sur les voies rapides. Le niveau sonore augmente de 9 dB(A) quand la vitesse est doublée. Pour des distances allant jusqu'à 100 m d'éloignement le niveau diminue de 3 dB(A) lorsque la distance du point de mesure par rapport à la voie est doublée. Le niveau sonore moyen dépend du nombre de véhicules par heure et de la proportion de poids lourds, il augmente de 3 dB(A) lorsque le flot horaire double.

Loin d'atteindre les ravages causés par la circulation automobile, les bruits dus au trafic aérien posent également des problèmes à des populations de plus en plus nombreuses. L'effet produit par le passage des avions dépend des niveaux maximaux atteints ainsi que de l'évolution des bruits dans le temps.

Pour l'ensemble des bruits modifiant la qualité de l'environnement, il est important de tenir compte de leur niveau moyen, de leur durée et de leur répartition de jour et de nuit. Mais un des aspects particulièrement traumatisant semble être, dans tous les cas, dû à la présence de pointes, de crêtes de bruit, au-dessus du bruit de fond. A la limite, ce sont ces crêtes qui constituent justement « le bruit ». Un certain bruit de fond est, en effet, la plupart du temps jugé préférable au silence.

2. **Le bruit industriel.** — Les conséquences de séjours prolongés dans une ambiance de bruit intense dépassent de loin en gravité l'exposition à l'ensemble des bruits de l'environnement, c'est le cas pour un grand nombre de travailleurs d'usines (métallurgie, tissage, imprimerie) et de chantiers. Toute personne

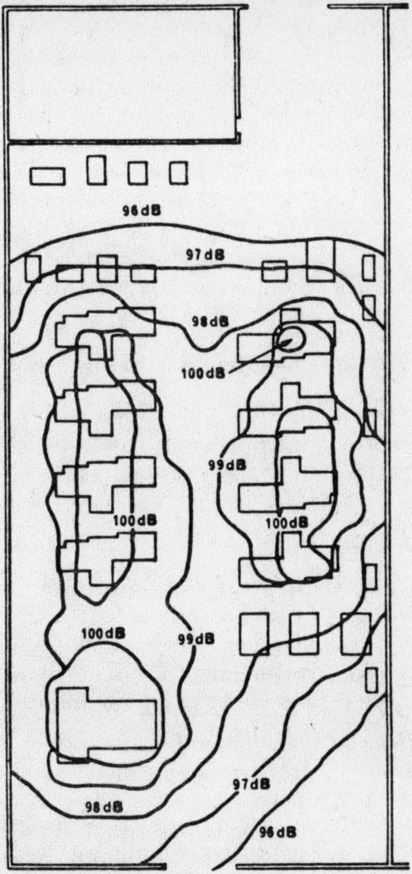

Fig. 6. — Carte de bruit dans un atelier de menuiserie (d'après *Travail et sécurité,* 1980, avec l'autorisation de l'I.N.R.S.)

exposée à un bruit intense présente un état de *fatigue auditive.* Cet état est caractérisé par une surdité partielle (plus marquée pour certaines fréquences) et *temporaire.* En général, quelques heures après la fin de l'exposition fatigante la sensibilité auditive retrouve ses valeurs normales. Cependant lorsque de telles expositions sont prolongées et répétées quotiennement, des *déficits auditifs permanents* peuvent s'installer. Il n'y a plus de récupération et les déficits s'aggravent avec le temps si le travail en milieu bruyant continue. Ces surdités sont des *maladies professionnelles* reconnues par la législation.

IV. — Les effets des bruits sur l'Homme

Deux types d'effets de l'exposition au bruit doivent être distingués : les effets sur l'audition elle-même, d'une part, et, d'autre part, des effets plus généraux, qui sont d'ordre physiologique, psychologiques et sociologiques.

1. **Les effets du bruit sur l'audition.** — A) *Effets normaux.* — Certains effets sont dits normaux, ou encore physiologiques, parce qu'ils ne créent pas de perturbation irréversible du fonctionnement auditif. Ce sont le masquage et la fatigue auditive.

a) *L'effet de masque* consiste pour un son à empêcher par sa présence de percevoir totalement ou partiellement d'autres sons. Cet effet devient très néfaste lorsqu'il perturbe la perception de signaux, de messages, en particulier la communication parlée. C'est alors un facteur d'isolement qui, en dehors de ses effets négatifs sur le moral, ou l'humeur des gens, peut diminuer l'efficacité du travail, voire augmenter le risque d'accidents.

b) *La fatigue auditive* est un déficit temporaire de la sensibilité auditive qui persiste un certain temps après l'arrêt du bruit en diminuant progressivement jusqu'à une récupération totale.

B) *Effets pathologiques.* — Comme nous l'avons vu, l'exposition à des bruits intenses peut entraîner un déficit auditif permanent. Ce type de surdité est nommé traumatisme auditif. Il constitue la totalité des surdités professionnelles mais certains individus qui ont été exposés, parfois brièvement, à des bruits très intenses (tirs, explosions) peuvent en être affectés.

Ces trois effets du bruit (traumatisme auditif, fatigue auditive, effet de masque) peuvent se cumuler et constituer des conditions d'audition très perturbées, voire très dangereuses pour les gens qui travaillent dans le bruit. Le chapitre II permettra d'approfondir les bases psychoacoustiques des effets du bruit sur l'audition.

2. **Les effets non auditifs du bruit.** — L'expérience commune suggère que le bruit ne limite pas ses effets au seul système auditif. De nombreux autres effets résultent principalement de la stimulation, via le système auditif, de trois parties différentes du système nerveux :

— *le système nerveux autonome* qui contrôle les réponses et le niveau d'activité des organes internes tels que glandes, viscères, cœur, vaisseaux sanguins ; ainsi naissent les effets dits somatiques du bruit ;

— *le système nerveux réticulaire* impliqué dans le niveau d'éveil des centres supérieurs du cerveau ainsi que dans les qualités douloureuses ou agréables des informations d'origine sensorielle ;

— *les centres supérieurs* corticaux et infracorticaux du cerveau où siègent les mécanismes d'activités plus élaborées : activités conscientes et cognitives qui interviennent dans la réalisation de tâches mentales ou motrices.

A) *Effets somatiques.* — a) *Effet à l'état de veille.* — Les effets somatiques ont été beaucoup étudiés par des expérimentateurs dont une hypothèse sous-jacente consiste à relier ces réactions physiologiques aux émotions, à la santé et aux capacités de l'individu pour accomplir des tâches. L'ensemble d'effets suivant a été décrit comme une réponse « somatique » au bruit :

— vasoconstriction des vaisseaux périphériques, mais non des vaisseaux du cerveau ;
— léger changement de rythme cardiaque ;
— respiration profonde, lente ;
— changement de résistance de la peau due à la sudation ;
— changement bref de la tension musculaire ;
— changement de la mobilité gastro-intestinale ;
— changement de composition chimique du sang et de l'urine par suite de sécrétions glandulaires.

Ces réponses varient beaucoup d'une personne à l'autre. Pour un individu donné, elles sont d'autant plus marquées que le son est plus intense. Elles diminuent ou disparaissent si la stimulation sonore se prolonge.

Il s'agit toutefois d'observations et de mesures effectuées en laboratoire et obtenues pour des durées de bruits relativement brèves. L'effet des expositions prolongées à des bruits intenses telles qu'elles se produisent dans l'industrie par exemple est toujours à l'étude. Chez les travailleurs en milieu professionnel bruyant, des problèmes concernant la circulation sanguine, le cœur, l'équilibration, voire des difficultés neurologiques et psychiatriques ont été notés. Cependant, étant donné les conditions de travail et les conditions sociales d'ensemble, bien souvent le bruit n'est pas le seul facteur susceptible de rendre compte de ces troubles et des recherches complémentaires doivent être menées dans ce domaine. Il est bien difficile de reproduire en laboratoire les longues durées d'exposition au bruit subies par les ouvriers. Cependant, les recherches pour établir de façon précise les effets de l'exposition au bruit sur le système cardio-vasculaire, d'une part, et sur les désordres psychiatriques, d'autre part, sont toujours nécessaires et on a suggéré :

— d'expérimenter sur des animaux de différentes espèces qui seraient exposés au bruit pendant de longues périodes ;
— d'étudier les relations entre l'exposition au bruit et d'autres facteurs de stress physiques, chimiques et sociaux.

b) *Effet pendant le sommeil.* — En revanche, l'effet du bruit sur le sommeil a pu être étudié de façon approfondie en laboratoire. On enregistre l'électroencéphalogramme (activité électrique du cerveau) de façon continue et on demande au sujet au cours d'une nuit expérimentale, de presser un bouton à chacun de ses réveils. On constate qu'un son de 20 dB environ provoque des réponses d'éveil comportemental. De plus, le bruit durant le sommeil provoque, en dehors même des périodes d'éveil comportemental, des modifications de l'électroencéphalogramme, de la constriction des vaisseaux périphériques, de la respiration et du rythme cardiaque.

Pour des niveaux de bruits communément rencontrés en ville (niveaux supérieurs à 35 dB), le temps nécessaire à l'endormissement est prolongé, la durée du sommeil profond est diminuée. La durée totale de sommeil est diminuée du fait des réveils dès que le niveau atteint 40-45 dB pour les personnes les plus sensibles.

Les conséquences, pour la santé en général, des altérations du sommeil et des réactions végétatives durant le sommeil qui sont induites par le bruit sont encore mal connues. On commence à soupçonner qu'une exposition au bruit durant la période de veille a des effets qui se poursuivent durant la période de sommeil qui lui succède. Certaines études indiquent que la dette de sommeil causée par le bruit altère les performances mentales et psychomotrices. Surtout, les effets à long terme du bruit sur le sommeil sont encore inconnus.

Plusieurs auteurs pensent que le bruit perturbe la santé à long terme par l'intermédiaire des troubles du sommeil qu'il provoque et qui empêcheraient par exemple la phase de récupération de s'effectuer normalement pendant le sommeil.

c) *Effet sur d'autres modalités sensorielles.* — *Sensations cutanées venant de l'oreille :* le bruit intense entraîne des sensations tactiles de picotement douloureux. Les fortes impulsions à un rythme de 3 par seconde sont particulièrement pénibles. Ces sensations sont attribuées à la sensibilité du tympan et de certaines structures de l'oreille moyenne.

— *Sensations vestibulaires :* en raison des connexions anatomiques entre la cochlée et le vestibule, les sons intenses arrivent à exciter les récepteurs vestibulaires, qui, normalement, sont sensibles à l'équilibre et à l'orientation du corps dans l'espace. Leur excitation par des sons de niveau élevé (120-130 dB) entraîne des troubles de l'équilibre, des mouvements rapides des yeux (nystagmus) et même des nausées.

d) *Effet des infrasons et des sons de fréquence basse.* — Les vibrations intenses dont la fréquence est située *entre 1 et 80 Hz* sont nocives pour *le corps entier* dont chaque partie est plus ou moins sensible en fonction de sa fréquence de résonance (globe oculaire : 30 à 80 Hz environ, cage thoracique : 60 Hz, colonne vertébrale : 10-12 Hz). Les vibrations de fréquence très basse (*de 0,1 à 0,6 Hz*) rencontrées dans les bateaux et dans certaines automobiles entraînent, par l'intermédiaire du système vestibulaire, d'importants *malaises* chez certains individus. Les vibrations dont la fréquence est comprise *entre 8 et 1 000 Hz,* transmises *aux mains et aux bras* causent le syndrome des doigts morts, lors de l'utilisation répétitive d'outils comme les tronçonneuses ou les marteaux-piqueurs.

e) *Effet des ultrasons.* — Une forte énergie acoustique dans une gamme de fréquences supérieure à 20 000 Hz est également nocive. Des niveaux ultrasoniques élevés peuvent être produits par des moteurs d'avion ou par les fraises très rapides des dentistes. Les personnes exposées à ce type de vibrations ont rapporté l'apparition d'acouphènes, de somnolence, de maux de tête, de nausées et de sensation d'oreille pleine. La tendance actuelle est de penser que ces effets ne sont pas dus aux composantes ultrasoniques mais aux composantes audibles de ces vibrations.

f) *Effet des ondes de choc et des variations brusques de la pression atmosphérique.* — Les ondes de choc propagées à la suite d'une explosion, d'une déflagration, d'un coup de feu, etc., représentent des variations brusques de la pression d'une à plusieurs atmosphères : leur amplitude est donc largement supérieure à celle de tout son connu. L'onde de choc est accompagnée d'un bruit dû aux déplacements des particules, à leur échauffement, aux frottements, aux échos, bruit très complexe à composantes graves (ou parfois aiguës) très importantes ; l'intensité du bruit est plus faible que celle de l'onde de choc et ne dépasse pas celle des bruits les plus intenses. La vitesse de l'onde de choc étant supérieure en général à celle du son, à une distance assez grande de la source nous percevons d'abord l'onde de choc, puis le bruit, ce dernier se prolongeant grâce aux échos.

Les traumatismes sont identiques à ceux des sons intenses ; il est donc difficile en général de distinguer entre ce qui est dû à l'onde de choc ou au bruit qui l'accompagne. Les pertes auditives sont localisées dans les fréquences aiguës en général, en raison de lésions cochléaires.

Les ondes de choc peuvent aussi entraîner des accidents au niveau de l'oreille moyenne : rupture du tympan, de la chaîne des osselets, arrachement de l'étrier hors de la fenêtre ovale, hémorragies, etc. Des pertes auditives résultant de lésions au niveau de l'oreille moyenne apparaissent également sur les sujets qui ont eu à la fois à subir un traumatisme crânien et une onde de choc (s'ils ont été renversés par une explosion, par exemple).

Des symptômes labyrinthiques apparaissent parfois aussi : vertiges, vomissements, pertes d'équilibre ; parfois même il peut y avoir lésion d'un canal labyrinthique.

Des variations de pression trop rapides peuvent également avoir des conséquences fâcheuses pour l'oreille chez les aviateurs, par exemple, du fait que la pression à l'intérieur de l'oreille moyenne ne varie pas aussi vite que celle exercée sur le tympan (la trompe d'Eustache ne s'ouvrant qu'à chaque déglutition) : le tympan, déprimé, peut devenir le siège d'une inflammation ainsi que la muqueuse de l'oreille moyenne. La descente trop rapide, ou la décompression trop brutale lors de la plongée sous-marine peuvent également entraîner des surdités importantes dues à des lésions irréversibles de l'oreille interne.

B) *Effets psychiques.* — a) *Troubles généraux du psychisme.* — Les troubles du psychisme peuvent aller de sentiments de troubles mal définissables jusqu'à des perturbations bien précises et même des troubles pathologiques.

Les bruits peuvent engendrer des sentiments divers de déplaisir, de gêne, d'appréhension, d'angoisse.

Au-dessus de 90 dB, tout le monde juge le bruit déplaisant. A niveau égal, plus un bruit est inattendu, plus il est jugé gênant. De même, à niveau égal, plus le bruit s'impose sans que le sujet puisse intervenir pour le réduire, plus il est déplaisant. C'est certainement une des raisons pour lesquelles on est généralement moins gêné par le bruit que l'on fait soi-même que par le bruit des autres.

En dehors de troubles dus au bruit, de façon indirecte, par l'intermédiaire des troubles du sommeil, les perturbations du repos qu'il provoque également à l'état de veille ont été soulignées. Au cours de la journée, un individu est constamment soumis à des périodes fluctuantes de tension et de détente qui s'opposent à un accroissement rapide de la fatigue. Cette fonction est perturbée dès que le bruit dépasse 50 dB. Les gens malades ou convalescents sont particulièrement sensibles à ce stress.

L'exposition au bruit pourrait modifier les comportements sociaux, développer l'irritabilité et l'agressivité. Les études des effets psychiques de l'exposition au bruit ne font que commencer, spécialement les effets qui ressortent d'expositions à long terme, voire d'expositions multiples (lieux de travail, trajet, habitat).

b) *Bruit et performances.* — Les études expérimentales en laboratoire montrent que les sujets compensent facilement l'effet éventuellement perturbateur du bruit. Cependant, lorsque la tâche est très compliquée, par exemple une tâche de vigilance continue et difficile, l'exposition au bruit diminuerait un peu les performances.

Mais les effets constatés dépendent d'une façon complexe du niveau sonore, de la durée d'exposition, du niveau d'apprentissage de la tâche, de la signification que le sujet attribue au bruit et de la personnalité du sujet. Si bien que, pour ce qui concerne les tâches non auditives, le bruit est considéré tantôt comme ayant un effet facilitateur, tantôt un effet perturbateur, tantôt aucun effet (Kryter, 1970).

CHAPITRE II

BASES PSYCHOACOUSTIQUES DES EFFETS DES BRUITS

I. — Rappel de l'anatomie et du fonctionnement du système auditif

1. **Schéma général du système auditif.** — La perception des sons nécessite qu'il y ait d'abord eu stimulation d'organes sensoriels situés à l'intérieur de l'oreille. Après transmission des vibrations acoustiques depuis la partie la plus externe de l'oreille jusqu'à leur niveau, la stimulation de ces organes sensoriels déclenche l'apparition de variations de nature électrique, les potentiels d'action, qui se propagent le long des fibres du système nerveux auditif jusqu'aux aires cérébrales auditives ; les potentiels d'action y déclenchent la perception auditive.

L'oreille elle-même se divise en trois parties : l'oreille externe, l'oreille moyenne et l'oreille interne (fig. 7).

A) *L'oreille externe.* — L'oreille externe comprend le *pavillon* et le *conduit auditif* ; le conduit auditif, de 6 à 8 mm de diamètre et de 27 mm de long environ, se termine sur une membrane tendue, le tympan ayant 50 à 60 mm^2 de surface. La longueur, la section et la forme du conduit auditif varient d'un sujet à un autre.

B) *L'oreille moyenne.* — L'oreille moyenne, dite encore caisse du tympan, est une cavité de 1 à 2 cm^3, creusée à l'intérieur de l'os temporal et remplie d'air ; elle se trouve en communication avec l'extérieur par l'intermédiaire de la *trompe d'Eustache,* qui débouche au fond de l'arrière-cavité nasale. L'orifice de la trompe d'Eustache se trouve normalement fermé, mais s'ouvre à chaque

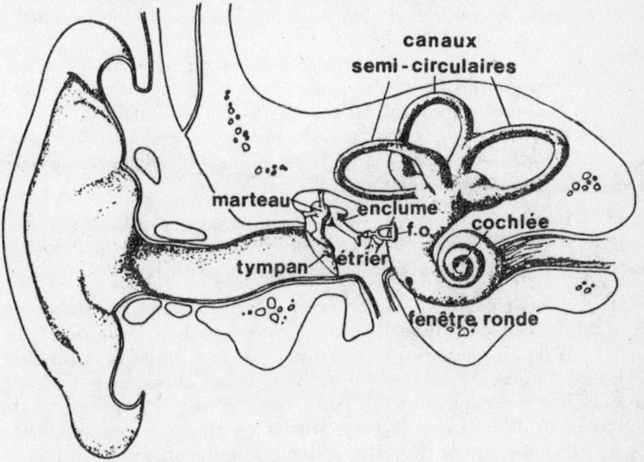

Fig. 7. — Schéma de l'oreille
f.o. : fenêtre ovale

déglutition, permettant ainsi l'égalisation de la pression de chaque côté du tympan.

A l'intérieur de l'oreille moyenne se trouve la *chaîne des osselets,* constituée par trois osselets appelés, en raison de leur forme, le *marteau,* l'*enclume* et l'*étrier* ; les osselets sont fortement maintenus en place par les ligaments de l'enclume et du marteau, ainsi que par le muscle du marteau et le muscle de l'étrier ; muscles et ligaments sont fortement attachés à la paroi osseuse de l'oreille moyenne.

Plusieurs fenêtres sont ouvertes dans la paroi osseuse de l'oreille moyenne : le *tympan,* débouchant sur l'oreille externe, la *fenêtre ovale* et la *fenêtre ronde* ouvrant sur l'oreille interne ; chacune de ces fenêtres est fermée par une membrane.

La chaîne des osselets fait la liaison entre le tympan et la fenêtre ovale ; le manche du marteau est solidaire du tympan, tandis que la platine de l'étrier est solidaire de la fenêtre ovale. La chaîne des osselets représente donc la voie de transmission normale des sons de l'oreille externe à l'oreille interne. Comme la surface de la fenêtre ovale (3,2 mm^2 environ) est plus petite que celle du tympan, cette chaîne de transmission joue donc également le rôle d'un amplificateur; l'amplification est d'environ 20 fois. Il y a ainsi pratiquement compensation de l'affaiblissement qui résulterait du passage des sons de l'air aux liquides de l'oreille interne.

C) *L'oreille interne.* — L'oreille interne est, elle aussi, incluse dans l'os temporal qui enrobe entièrement toutes ses structures ; on ne peut l'atteindre que très difficilement, en creusant l'os.

Elle comprend deux parties distinctes : d'un côté les trois *canaux semi-circulaires* dans trois plans différents ainsi que l'*utricule* et le *saccule*, de l'autre la *cochlée*.

a) *L'organe vestibulaire.* — Les canaux semi-circulaires, l'utricule et le saccule forment l'organe vestibulaire ; ce sont les organes de l'équilibration ; ces organes sont innervés par le nerf vestibulaire.

b) *La cochlée* (fig. 8). — La cochlée, enroulée sur elle-même en forme de colimaçon (d'où son nom), est l'organe de l'audition ; elle a 3,5 cm de long environ et s'enroule sur deux tours et demi chez l'Homme. L'axe médian osseux projette vers l'intérieur de l'organe une mince crête osseuse, la *lame spirale,* sur presque toute la longueur de la cochlée ; la lame spirale va en se rétrécissant de la base au sommet ; elle disparaît à une petite distance du sommet.

La cochlée se trouve divisée sur toute sa longueur en trois rampes par deux fines membranes : la *membrane basilaire* et la *membrane de Reissner* ; ces deux membranes s'étendent de la lame spirale à la paroi externe de la capsule osseuse de la cochlée. La membrane basilaire est parcourue par de fines fibres transversales qui s'étendent de la lame spirale osseuse à la partie externe de la capsule osseuse de la cochlée, où elles forment le *ligament spiral* ; ces fibres soutiennent la membrane basilaire.

La membrane de Reissner s'insère à la partie supérieure de la lame spirale osseuse et rejoint la partie externe de la capsule osseuse à un niveau plus élevé que la membrane basilaire.

La membrane basilaire et la membrane de Reissner se rejoignent un peu avant le sommet (l'apex) de la cochlée et disparaissent audelà, de même que disparaît la lame spirale ; ces deux membranes délimitent ainsi sur toute leur longueur une cavité close, *la rampe cochléaire ;* la rampe cochléaire contient un liquide, l'*endolymphe,* en continuité avec l'endolymphe des organes de l'équilibration par un canal débouchant près de la base de la cochlée.

La rampe supérieure est la *rampe vestibulaire,* ainsi nommée

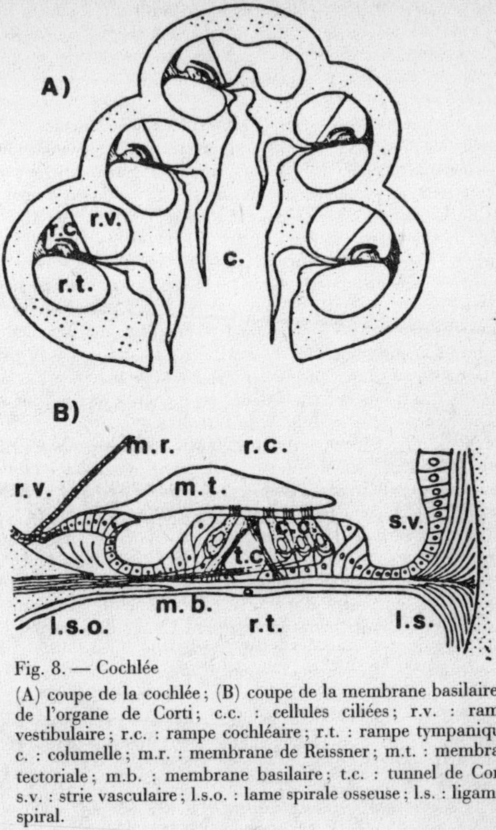

Fig. 8. — Cochlée

(A) coupe de la cochlée ; (B) coupe de la membrane basilaire et de l'organe de Corti ; c.c. : cellules ciliées ; r.v. : rampe vestibulaire ; r.c. : rampe cochléaire ; r.t. : rampe tympanique ; c. : columelle ; m.r. : membrane de Reissner ; m.t. : membrane tectoriale ; m.b. : membrane basilaire ; t.c. : tunnel de Corti ; s.v. : strie vasculaire ; l.s.o. : lame spirale osseuse ; l.s. : ligament spiral.

parce qu'elle prend naissance à la partie inférieure de l'organe vestibulaire, à la base du saccule ; la fenêtre ovale s'ouvre dans cette même partie du vestibule. La rampe inférieure est la *rampe tympanique* qui prend naissance à la fenêtre ronde ; cette rampe est ainsi appelée parce que la fenêtre ronde a été parfois dénommée, sans grande pertinence, « tympan secondaire ». La rampe vestibulaire et la rampe tympanique se rejoignent au sommet de la cochlée, où elles communiquent par l'*hélicotréma ;* elles contiennent un liquide commun, *la périlymphe*, en continuité avec la périlymphe qui entoure les organes de l'équilibration. Les rampes contenant respectivement l'endolymphe et la périlymphe ne communiquent pas d'un point de vue anatomique.

c) *L'organe de Corti.* — La membrane basilaire a environ 32 mm de long ; sa largeur augmente progressivement de la base au sommet (de 0,16 à 0,52 mm environ). Sur la surface supérieure de la membrane basilaire, baignant par conséquent dans l'endolymphe de la rampe cochléaire, est disposé l'*organe de Corti* (fig. 8). L'organe de Corti contient, outre un certain nombre de cellules de soutien, les *cellules ciliées* qui sont les cellules sensorielles de l'audition, ainsi appelées parce qu'elles portent des cils sur leur face supérieure.

Les cellules ciliées sont réparties en plusieurs rangées parallèles sur toute la longueur de la membrane basilaire : une rangée près du bord de la lame spirale (*cellules ciliées internes*), trois rangées (parfois quatre) à quelque distance, sur une partie plus externe et probablement plus mobile de la membrane basilaire (*cellules ciliées externes*). On trouve environ 20 000 cellules ciliées externes et 3 500 cellules ciliées internes ; le diamètre des cellules ciliées externes est d'environ 8 μm ; le diamètre des cellules ciliées internes est un peu plus grand. Les cils se présentent sous forme d'une seule rangée d'une vingtaine de cils à la surface des cellules ciliées internes, et de plusieurs rangées parallèles sur les cellules ciliées externes. Les plus longs cils des cellules ciliées externes sont pris à leur extrémité dans une membrane de consistance plutôt gélatineuse, la *membrane tectoriale.* Les *cils* de chaque cellule sont réunis par des *ponts* formés de *fibrilles* de sorte qu'ils se déplacent tous ensemble. Ils contiennent des *filaments d'actine.* La présence de cette protéine qui est à la base de la contractilité des fibres musculaires suggère que les cils ont des propriétés mécaniques modifiables ; ils pourraient même peut-être se déplacer de façon active.

d) *Le système nerveux auditif.* — Les fibres nerveuses sont en contact avec la base des cellules ciliées ; la cochlée humaine est innervée par environ 30 000 *fibres afférentes* qui transmettent des messages de la périphérie aux centres, mais aussi par un ou deux milliers de *fibres efférentes* dans lesquelles la transmission se fait en sens inverse et qui permettent probablement aux centres de modifier la prise d'information par le système périphérique.

Le *nerf cochléaire* commence dans l'axe de la cochlée, appelée la *columelle.*

Les fibres nerveuses de la chaîne auditive atteignent, après de nombreux relais à plusieurs niveaux du tronc cérébral, la partie la plus externe des hémisphères cérébraux (cortex) au niveau des *aires temporales.*

2. **Fonctions des diverses parties du système auditif.** — Les vibrations transmises par la chaîne des osselets à la fenêtre ovale se transmettent à la périlymphe de la rampe vestibulaire, puis à l'endolymphe de la rampe cochléaire. La membrane basilaire est alors entraînée à vibrer à son tour, ce qui a pour effet d'exciter les cellules ciliées et, par leur intermédiaire, les terminaisons nerveuses. Il y a *localisation des fréquences,* le long de la membrane basilaire par suite de la forme et de la structure même de la cochlée, ainsi que de la consistance des liquides cochléaires ; il en résulte une réponse relativement *sélective* des fibres du nerf auditif, et par conséquent aussi des neurones des différents centres nerveux auditifs.

Ainsi, pour discriminer deux sons successifs en raison de leur différence de fréquence, le système auditif offre la possibilité de détecter un déplacement dans la position *spatiale* de la zone d'excitation produite par chacun des sons. Beaucoup de chercheurs pensent cependant qu'une autre information de nature *temporelle* est utilisée aux fréquences basses et moyennes ; les intervalles de temps séparant les potentiels d'action dans les fibres du nerf auditif reproduisent en effet la périodicité de la vibration acoustique.

Cependant lorsque plusieurs sons de fréquences différentes sont entendus simultanément, la possibilité de résolution des fréquences, appelée sélectivité, semble dépendre des propriétés de *filtre* de la membrane basilaire, éventuellement affinées dès les premiers stades de la réception nerveuse. La distance en fréquence entre deux sons doit être suffisante pour que les deux sons soient entendus simultanément, sinon l'un d'eux (le plus intense) masque l'autre.

La sensation d'intensité des sons dépend probablement de la quantité totale d'activité dans le nerf auditif.

La localisation des sources sonores paraît dépendre en premier lieu des interactions entre les afférences venant de l'oreille droite et celles venant de l'oreille gauche au niveau des centres du tronc cérébral.

Jusqu'à présent, rien ne permet d'affirmer que les sons de la parole soient traités différemment des autres sons complexes non vocaux. Cependant, le processus final qui permet la compréhension de la parole est précisément localisé dans une partie de l'aire temporale de l'hémisphère cérébral dit « dominant ». Cet hémisphère cérébral semble particulièrement important pour l'analyse de la succession dans le temps de l'ensemble des signaux acoustiques.

II. — L'aire d'audition

L'aire normale d'audition est représentée sur la figure 9.

La gamme des *fréquences audibles* s'étend de 20 à 16 000 Hz environ ; ces limites varient un peu selon les sujets ; cette marge est le domaine des sons. Au-delà, on atteint les ultrasons dont les fréquences sont trop élevées pour être perçues ; au-dessous de cette bande, on se trouve dans le domaine des infrasons dont les fréquences sont trop basses pour être audibles, c'est-à-dire pour que ces vibrations soient perçues comme des sons.

Les fréquences comprises entre 500 et 3 000 Hz environ sont dites *fréquences moyennes ;* les fréquences plus élevées et les fréquences plus basses sont appelées respectivement : fréquences *aiguës* et fréquences *graves.*

Quant à l'intensité sonore, l'aire d'audition humaine est comprise entre une limite inférieure *(seuil d'audition)*, niveau minimum que doivent avoir les sons pour être juste audibles, et une limite supérieure d'audition, niveau sonore à partir duquel une *douleur* est ressentie.

Entre ces deux niveaux, l'oreille est sensible à une marge très étendue d'intensités sonores. Pour un son de fréquence moyenne, le seuil moyen des auditeurs normaux est obtenu pour une puissance acoustique de 10^{-12} W tandis que la limite de la douleur se situe vers 1 W, puissance qui vaut un billion (un million de millions) de fois celle du seuil.

Cette énorme dynamique du champ auditif a été une des raisons d'adopter une *échelle logarithmique des intensités sonores.* L'unité de cette échelle est le *décibel* (dB).

1. **L'échelle des décibels.** — Au lieu de noter les intensités sonores sur une échelle linéaire (échelle des pressions ou des puissances acoustiques), on a décidé d'exprimer les niveaux des sons en utilisant une échelle logarithmique. Ainsi, au lieu d'utiliser les nombres de watts (unités de puissance) ou de pascals (unités de pression), pour exprimer le niveau du son, on utilise les logarithmes de ces nombres. Il s'agit des *logarithmes décimaux* (de base 10). Le logarithme décimal d'un nombre n ($\lg_{10} n$) est la puissance à laquelle il faut élever 10 pour obtenir ce nombre n.

Nombres n	*Puissances de 10*	$lg_{10}\ n$
1	10^0	0
10	10^1	1
100	10^2	2
1 000	10^3	3
10 000	10^4	4

Lorsque les nombres *n* passent de 1 à 10 000, les valeurs logarithmiques qui leur correspondent passent de 0 à 4 seulement. On voit la compression de la marge des valeurs qui résulte de cette transformation d'échelle.

En fait, pour exprimer un niveau sonore, on n'utilise pas le logarithme de la valeur absolue de pression (de puissance ou d'intensité) acoustique mesurée mais le logarithme d'une *valeur relative* de pression (de puissance ou d'intensité).

Cette valeur relative est obtenue en calculant le rapport entre la pression mesurée et une pression choisie conventionnellement appelée *pression acoustique de référence.* Ceci ne change pas la compression d'échelle obtenue, mais permet d'exprimer les niveaux par rapport à un zéro absolu que l'on a choisi proche du seuil d'audition. Ainsi lorsqu'un son est à ce niveau, le rapport pression mesurée/pression de référence est égal à 1 et le logarithme de 1 étant zéro, l'échelle logarithmique des niveaux sonores part de 0.

Conventionnellement, la puissance acoustique de référence choisie est 10^{-12} watts ou 1 picowatt (1 pW), ce qui correspond à une intensité acoustique de référence de 1 pW/m^2 (1 picowatt par mètre carré) ou à une pression acoustique de référence de 20 micropascals (20 μPa). Ce niveau est proche du meilleur seuil absolu binaural en champ libre. Ce meilleur seuil est obtenu à la fréquence de 3 700 Hz chez l'Homme, il est situé environ à 8 dB au-dessous du seuil à 1 000 Hz. C'est donc le niveau 0 dB.

L'unité de l'échelle logarithmique des niveaux sonores est *le bel* (pour rappeler le nom d'un physicien américain). En fait on utilise une échelle en *décibels* (dB) dont les échelons, les dixièmes du bel, sont assez proches de la différence de niveau nécessaire pour donner lieu à une sensation d'intensité juste différente *(seuil différentiel d'intensité)*.

Le nombre *n* de dB exprimant le niveau d'un son est donc égal à 10 lg P/P_o ou à 20 lg p/p_o, où *P* et *p* sont respectivement la puissance et la pression acoustiques mesurées et P_o et p_o, la puissance et la pression acoustiques conventionnelles de référence. La puissance est proportionnelle au carré de la pression, ceci explique que le nombre de décibels soit égal à 10 fois le logarithme du rapport des puissances et à 20 fois le logarithme du rapport des pressions.

Dans cette échelle, les niveaux sonores audibles vont de 0 à 120 dB environ. On appelle ces niveaux, les *niveaux de pression acoustique* à condition que le niveau de la pression acoustique de référence soit bien 20 µPa. On exprime le plus souvent les niveaux sonores en niveaux de pression acoustique car c'est, en général, la pression qui est mesurée plutôt que la puissance, pour des raisons techniques. Le terme « niveau de pression acoustique » correspond à l'anglais *sound pressure level* (SPL).

D'autres valeurs de la pression de référence sont quelquefois utilisées, en particulier la valeur du seuil d'audition moyen normalisé à une fréquence donnée. Le niveau exprimé en décibels par rapport à cette référence peut être alors spécifié comme *niveau d'audition moyen* (en anglais HL pour *hearing level*). On utilise encore parfois le propre seuil d'un individu donné comme valeur de référence, les niveaux sont alors des *niveaux d'audition individuels* (en anglais SL pour *sensation level*).

Le fait d'employer une échelle logarithmique pour exprimer les niveaux sonores entraîne des conséquences importantes sur les calculs que l'on effectue à partir des valeurs de niveaux en décibels. En particulier, le passage aux décibels complique le cumul de niveaux sonores. Lorsque par exemple deux sources dont l'une émet à 60 dB et l'autre à 60 dB également fonctionnent ensemble le niveau produit n'est pas 120 dB. Seules les puissances acoustiques s'ajoutent et se soustraient par les lois d'addition et de soustraction élémentaires, il n'en est pas de même des décibels qui sont des valeurs logarithmiques. De ce fait, un doublement de la puissance acoustique correspond à une augmentation de 3 dB ; dans l'exemple précédent, le niveau obtenu en combinant les deux sources est donc 63 dB.

Une différence en décibel donnée, entre deux niveaux sonores, signifie que les pressions (ou les puissances) acoustiques correspondantes sont dans un rapport donné. Une différence de 1 dB signifie que les puissances sont dans le rapport de 1,259. Une augmentation de 10 dB équivaut à multiplier la puissance par 10, une augmentation de 40 dB, à multiplier la puissance par 10 000 une augmentation de 60 dB, à multiplier la puissance par 1 000 000. Mais la différence de pression (ou de puissance) acoustique entre deux sons qui diffèrent de 1 dB peut varier beaucoup selon le niveau des sons considérés. Par exemple, lorsqu'on passe d'un niveau de pression acoustique de 3 dB à un niveau de 4 dB, l'augmentation correspondante de pression, en valeur absolue, est beaucoup plus faible que lorsqu'on passe d'un niveau de 38 dB à un niveau de 39 dB.

2. **Seuil absolu et audiogramme.** — A) *Seuils absolus.* — Le *seuil absolu d'audition* varie normalement selon la fréquence ; le maximum de sensibilité de l'oreille est situé entre 3 000 et 4 000 Hz ; aux fréquences plus basses ainsi qu'aux fréquences plus élevées, le seuil est augmenté (fig. 9). Les seuils sont un peu plus faibles en écoute binaurale (les deux oreilles entendant simultanément), qu'en écoute monaurale (avec une seule oreille), du fait de sommations résultant des convergences des voies nerveuses droite et gauche.

Après une exposition à un bruit intense, les valeurs de seuil sont modifiées, soit temporairement (fatigue auditive), soit définitivement (traumatisme auditif).

L'*audiogramme* sert à établir l'importance de ce type de surdité comme de toutes les autres.

B) *Audiogrammes.* — On appelle audiogrammes les graphiques sur lesquels sont inscrites les *variations du seuil auditif en fonction de la fréquence* : on note les

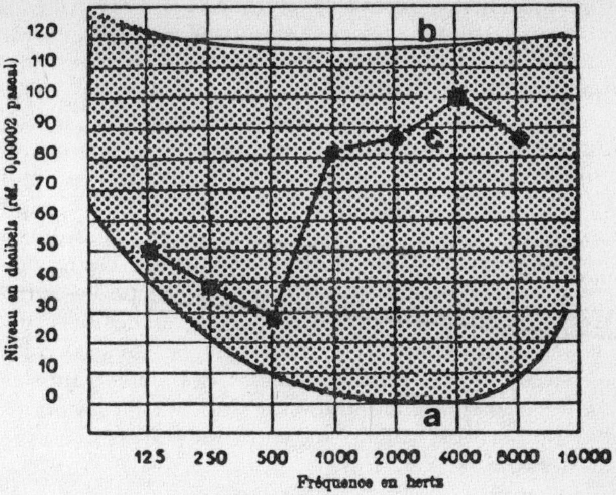

Fig. 9. — Aire normale d'audition : surface pointillée entre (a) (courbe des seuils normaux) et (b) (courbe des seuils de la douleur) ; (c) courbe des seuils d'une oreille atteinte de surdité professionnelle

seuils aux différentes fréquences testées et on réunit entre eux les divers points, afin de pouvoir lire sur les audiogrammes les variations du seuil en fonction de la fréquence. Les mesures sont faites au moyen d'écouteurs pour tester séparément l'oreille droite et l'oreille gauche.

Les valeurs d'intensité sont notées en décibels en ordonnée ; en abscisse, les fréquences sont indiquées en suivant également une échelle logarithmique qui est généralement celle des octaves (logarithme de base 2). On réduit ainsi considérablement l'importance des fréquences aiguës, ce qui est conforme à notre sensation, mais on donne par contre trop d'importance aux fréquences graves.

Les audiogrammes en valeurs de seuils (courbes *a* et *c* sur la fig. 9) seraient difficiles à interpréter pour l'audiométriste et le clinicien. Aussi a-t-on choisi une nouvelle présentation dite *audiogramme des pertes auditives.* Dans ce type d'audiogramme (fig. 10), on adopte comme niveau de référence, à chacune des fréquences testées, le seuil d'un individu normal moyen établi à partir de mesures sur un grand nombre d'individus normaux. Sur ces audiogrammes, la droite d'ordonnée 0 dB représente la courbe de réponse de l'individu normal moyen ; les pertes auditives se lisent, à chaque fréquence, en décibels au-dessous de cette droite. D'une façon générale, les appareils utilisés pour la mesure des seuils (appelés *audiomètres*) permettent de lire directement les pertes par rapport aux valeurs de seuils normalisées (norme AFNOR NF S31-001, 1982).

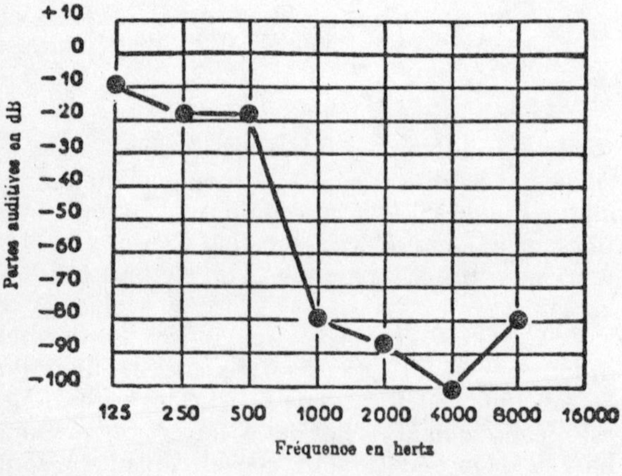

Fig. 10. — Audiogramme en pertes d'audition d'une oreille atteinte de surdité professionnelle (même oreille que pour la fig. 9)

C) *Seuils en conduction osseuse.* — Les mesures audiométriques peuvent également se faire en substituant un *vibrateur* à l'écouteur ; on applique le vibrateur contre une partie du crâne où l'os affleure directement sous la peau sur une surface assez large et plate : derrière l'oreille, près de la tempe ou au front.

Un vibrateur ne transmet pas, au moins d'une façon trop importante, les vibrations sous forme d'ondes acoustiques dans l'air ; il les transmet au support solide sous forme de vibrations. Les vibrations ainsi transmises au crâne se propagent à distance par l'intermédiaire de l'os lui-même et atteignent de ce fait la capsule osseuse de la cochlée ; transmises probablement par l'intermédiaire de la fenêtre ovale aux liquides de l'oreille interne, elles finissent par exciter les récepteurs sensoriels de la cochlée. La transmission de la périphérie à l'oreille interne se fait donc pratiquement par l'intermédiaire des os du crâne, à l'écart de l'oreille externe ainsi que de l'oreille moyenne.

La mesure du seuil de conduction osseuse permet par conséquent de discriminer les pertes auditives (les surdités) dues à des défectuosités de l'oreille externe ou de l'oreille moyenne de celles dues à des défectuosités de la cochlée, de la chaîne nerveuse auditive ou du cortex auditif ; les premières sont appelées *surdités de conduction* et les secondes *surdités de perception.* On procède comme pour les seuils auditifs en conduction aérienne ; la comparaison des audiogrammes de pertes auditives obtenus en conduction aérienne et en conduction osseuse permet de localiser l'origine des pertes et de déterminer les valeurs respectives des unes et des autres.

Lorsqu'une surdité est due à une exposition au bruit, il n'existe généralement pas de différence entre les seuils obtenus par conduction osseuse et ceux obtenus par conduction aérienne, car l'exposition au bruit provoque un mauvais fonctionnement de la cochlée. En cas de surdité de conduction pure, au contraire, on constate que les seuils en conduction osseuse sont meilleurs que les seuils en conduction aérienne.

D) *Autres méthodes audiométriques.* — Des *méthodes d'audiométrie objective* se sont développées depuis une vingtaine d'années. Certaines se basent sur l'enregistrement de l'activité électrique évoquée dans le nerf auditif *(électrocochléographie)* ou dans les centres cérébraux *(électroencéphalo-audiographie)* par la stimulation sonore.

Une troisième méthode, l'*impédancemétrie*, mesure l'élasticité de la paroi tympanique par l'enregistrement des variations dans la quantité d'une onde sonore réfléchie par le tympan à mesure que l'on fait varier la pression dans l'air du canal auditif.

III. — La fatigue auditive

Bien que tout l'ensemble des capacités auditives soit modifié de façon temporaire, après une exposition de l'oreille à un son fatiguant, on ne mesure généralement la fatigue auditive que par *l'augmentation des seuils d'audition* après l'arrêt du son fatigant.

La fatigue, et donc la détérioration du seuil, s'étend sur une bande de fréquences d'autant plus large que le stimulus a duré plus longtemps. Elle est limitée à une bande qui s'étend sur deux octaves environ au-dessus de la fréquence du son fatigant, mais peut aussi atteindre toutes les fréquences plus élevées que celle du stimulus. La fatigue n'atteint jamais de façon significative des fréquences plus graves que le stimulus, à l'exception des fréquences voisines. Elle n'est jamais maximale à la fréquence du son fatigant. Le maximum d'effet se trouve une demi-octave à une octave au-dessus de la fréquence du son fatigant ; le maximum d'élévation du seuil apparaît pour une fréquence d'autant plus élevée que le niveau du son fatigant a été plus important.

Des mesures sur l'Homme montrent que lors d'expositions expérimentales de longue durée (vingt-quatre heures), le déplacement du seuil atteint son maximum au bout de huit heures. Après, le seuil n'augmente plus. Pour un bruit de bande large (entre 350 et

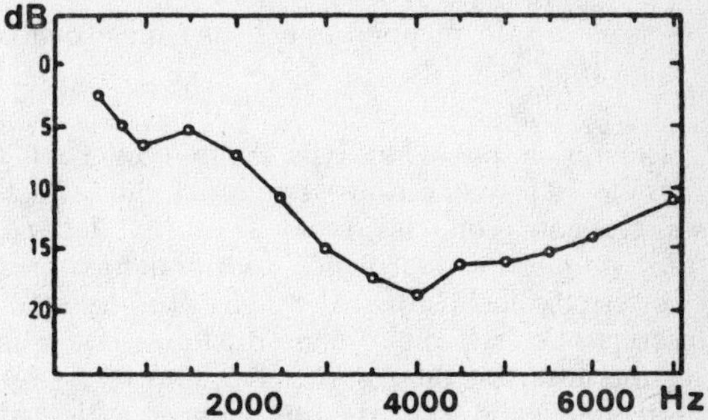

Fig. 11. — Fatigue auditive. Augmentations moyennes du seuil pour différentes fréquences produites par une exposition de 8 heures à un bruit de bande large à 91 dB(A) (d'après Mills et coll., 1981, avec l'autorisation des auteurs et du *Journal of the acoustical Society of America*)

5 000 Hz) le maximum de déplacement se produit pour des fréquences différentes selon les individus, allant de 3 000 à 6 000 Hz, mais en moyenne la fréquence 4 000 Hz est la plus touchée (fig. 11).

La fatigue est d'autant plus importante que le son fatigant dure plus longtemps et/ou qu'il est plus intense. Une fatigue à long terme (durant plus de 2 minutes) n'apparaît que lorsque le son d'exposition est supérieur à 70-75 dB.

Sur la base de données expérimentales humaines et animales, cinq types de *récupération* ont été décrits :

— type A : la récupération, rapide, est achevée en 1 à 6 heures ;
— type B : la récupération totale demande au plus 16 heures ;
— type C : la récupération, lente, s'effectue en 3 à 6 jours ;
— type D : la récupération, différée, demande 7 à 15 jours ;
— type E : la récupération se prolonge pendant 15 à 20 jours.

Lorsqu'on passe du type A au type E, l'état de l'oreille et les conditions d'audition dus à la fatigue s'aggravent. Pour les types D et E, des *atteintes anatomiques* de la cochlée sont toujours présentes. Ces lésions cochléaires n'ont pas été observées pour les types A et B mais, dans quelques cas, quand la récupération est du type C, elles sont déjà présentes. Pour une exposition de huit heures à des niveaux allant de 76 à 91 dB, la récupération est de type B en moyenne mais, pour quelques sujets, elle approche du type C.

Il existe des variations individuelles importantes de la fatigue auditive et de sa récupération. Les femmes seraient moins sensibles que les hommes au moins pour certains bruits, de même que les individus aux yeux bruns comparés à ceux qui ont les yeux clairs. La prise d'aspirine augmente l'effet fatigant du bruit.

IV. — Les traumatismes auditifs

Il s'agit d'un effet pathologique pour l'oreille dû à l'exposition aux bruits intenses et, généralement, prolongés. Ces traumatismes auditifs sont encore appelés *traumatismes (ou traumas) acoustiques.*

1. Les caractères audiométriques. — Les traumatismes auditifs se caractérisent de la façon suivante :

- — pertes auditives le plus souvent importantes dans une bande plus ou moins large de fréquences, dont le maximum se trouve aux alentours de 4 000 Hz en général (on a signalé parfois des pertes auditives centrées sur des fréquences différentes ; mais après analyse du bruit on s'est aperçu que ce dernier avait une composante fortement dominante, ce qui expliquerait la perte sur des fréquences inhabituelles) ;
- — parallélisme entre pertes en conduction aérienne et pertes en conduction osseuse ;
- — présence de *recrutement* (voir plus loin, V) ;
- — en général, présence de diplacousie (hauteur perçue moins correctement, timbre modifié, sensation ouatée ou métallique des sons, etc.) ;
- — bourdonnements, tintements ou sifflements d'oreille en général ;
- — atteinte bilatérale sensiblement identique le plus souvent (on a signalé parfois une atteinte différente d'une oreille par rapport à l'autre ; il semble bien que, dans ce cas, l'oreille la moins atteinte se soit trouvée partiellement protégée) ;
- — irréversibilité de l'atteinte.

Le traumatisme auditif commence aux environs de 4 000 Hz ; à ce stade, la perte auditive reste faible et ne dépasse pas 20 à 30 dB. Mais cette perte d'audition s'étend si le sujet continue d'être exposé à un bruit intense ; elle atteint progressivement des fréquences de plus en plus aiguës et s'approfondit ; en même temps, mais plus lentement, elle progresse vers les fréquences moyennes (fig. 12, 13 et 14). Quand la perte d'audition atteint les fréquences moyennes, le sujet commence à rencontrer des difficultés pour suivre une conversation, puisque les sons vocaux ont leurs principales composantes dans les fréquences moyennes. Dans les cas les plus prononcés, les pertes auditives sont totales ou presque totales (plus de 70 dB) aux alentours de 4 000 Hz et aux fréquences aiguës ; aux fréquences moyennes, elles peuvent s'étendre jusqu'à 500 Hz, ou même plus bas encore.

Les surdités par traumatisme auditif ne sont pas évolutives par elles-mêmes ; elles ne s'étendent que si on continue à être exposé au bruit : dès que le sujet atteint de traumatisme auditif est éloigné de tout

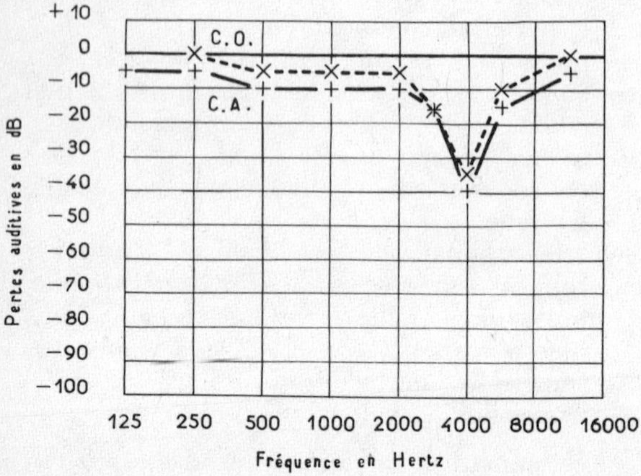

Fig. 12. — Audiogramme d'une oreille atteinte de surdité professionnelle à ses débuts

C.A. : conduction aérienne ; C.O. : conduction osseuse

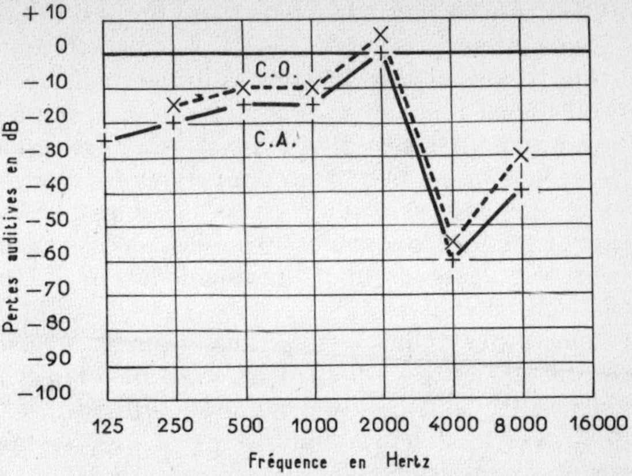

Fig. 13. — Audiogramme d'une oreille atteinte de surdité professionnelle accusée

C.A. : conduction aérienne ; C.O. : conduction osseuse

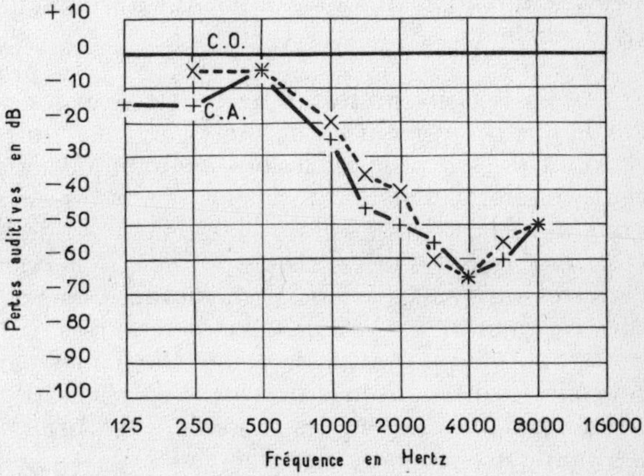

Fig. 14. — Audiogramme d'une oreille atteinte de surdité professionnelle très prononcée

C.A. : conduction aérienne ; C.O. : conduction osseuse

milieu trop bruyant, la perte d'audition se stabilise au niveau atteint.

On rencontre des différences individuelles considérables : certains sujets sont atteints dès les premiers instants de présence dans le bruit, tandis que d'autres ne le sont qu'au bout d'un temps plus ou moins long, voire des années, ou ne le sont jamais. Les seuils d'audition des personnes exposées régulièrement au bruit augmentent d'abord rapidement, puis de plus en plus lentement.

Les pertes auditives dues aux traumas acoustiques se rencontrent essentiellement, mais pas uniquement, chez les travailleurs atteints par les bruits sur les lieux de travail ; on leur donne, dans ce cas, le nom de *surdités professionnelles.*

Tous les caractères des traumatismes auditifs montrent qu'il y a lésion au niveau de l'oreille interne : parallélisme entre conduction aérienne et conduction osseuse, recrutement, diplacousie ; il y a traumatisme, d'où leur nom.

2. **Les lésions anatomiques.** — Les expériences sur l'animal ont montré que, sous l'action d'un bruit ou d'un son intense, des lésions anatomiques importantes apparaissent effectivement *au niveau de l'organe de Corti* : lésions des cellules ciliées ou de leurs cils, des cellules de soutien, des fibres nerveuses, ruptures ou déplacements de membranes, etc. ; parfois cependant, malgré des pertes auditives importantes, on n'a pu trouver de lésions décelables par les procédés utilisés jusqu'à présent. Les résultats sont assez variables selon les auteurs, les bruits ou les animaux utilisés, les méthodes histologiques employées, aussi bien en ce qui concerne l'étendue ou la localisation des lésions que pour ce qui est de leur nature.

Aux niveaux sonores très élevés, il peut même y avoir lésion *au niveau de l'oreille moyenne ;* on a signalé des cas de rupture du tympan en présence d'un son ou d'un bruit d'environ 160 dB. Certaines explosions peuvent non seulement déchirer la membrane du tympan, mais luxer les osselets de l'oreille moyenne, allant jusqu'à provoquer des saignements de l'oreille interne.

En dépit des efforts de recherche de nombreux laboratoires, les mécanismes des effets fatigants et traumatisants du bruit sur la cochlée ne sont pas totalement élucidés. Plusieurs mécanismes différents sont probablement impliqués lorsqu'on passe d'une « fatigue physiologique » à un trouble pathologique mais récupérable, puis à un trouble permanent.

Les cas des expositions intermittentes, ou des expositions à des bruits dont le niveau n'est pas stable (bruits fluctuants ou impulsionnels), augmentent encore la complexité des problèmes à résoudre, lorsqu'il s'agit de prédire l'effet traumatisant des bruits. Dans l'état actuel de nos connaissances toute loi simple reliant niveau, durée du bruit, d'une part, et risque, d'autre part, est toujours trop simplificatrice et partiellement erronée. Des lois simples permettant de faire le moins d'erreurs de prédiction possible sont toujours activement recherchées.

V. — L'intensité subjective ou sonie

A niveau de pression acoustique égal, l'intensité subjective des sons, *la sonie*, varie selon la fréquence.

On a établi des *lignes d'égale sonie* des sons de fréquences différentes en utilisant comme sons de référence une série de sons de 1 000 Hz ayant des niveaux échelonnés de 10 en 10 dB au-dessus du seuil (fig. 15).

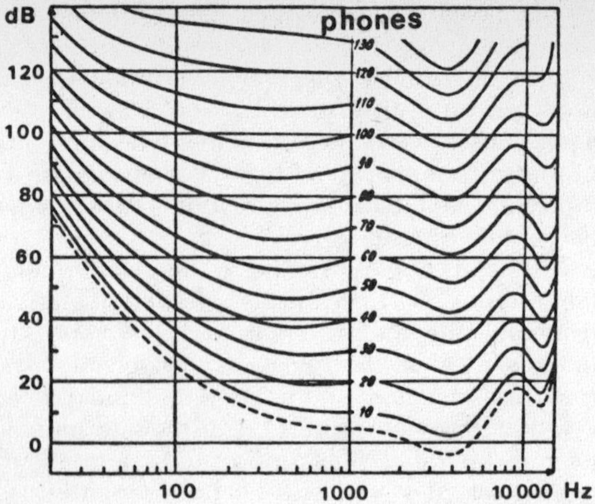

Fig. 15. — Lignes isosoniques en écoute binaurale en champ libre
Courbe discontinue : courbe des seuils ; graduation des courbes : échelle des phones

Par une méthode de comparaison avec ces sons de référence, Fletcher et Munson (1933) ont déterminé, pour chaque fréquence, les niveaux de pression acoustique des sons ayant les mêmes sonies que les sons de 1 000 Hz : il s'agit des *lignes d'isosonie.*

L'unité de niveau d'isosonie, dont le symbole est L_N, est *le phone.* Par convention, pour un son de 1 000 Hz, l'échelle des phones est la même que l'échelle des dB de pression acoustique :

$$L_N = 20 \lg \left[\frac{P}{Po}\right] 1\,000 \text{ Hz}$$

L_N : niveau d'isosonie en sones.

Ainsi, un son de 1 000 Hz, à 40 dB, présente un niveau d'isosonie de 40 phones, tandis qu'un son de

100 Hz, à 40 dB, présente un niveau d'isosonie de 25 phones seulement.

Malgré son nom, l'échelle d'isosonie est une échelle de grandeurs physiques ; elle représente les niveaux de pression acoustique qui sont perçus comme d'égale intensité, mais elle ne représente pas la sonie d'une façon absolue : un son dont le niveau d'isosonie est double d'un autre n'est pas perçu comme 2 fois plus fort.

1. **La fonction de sonie.** — Pour étalonner la dimension psychologique qui est celle de sa sonie, il ne suffit pas de demander à un sujet de faire des comparaisons en terme de « plus fort », « moins fort » ou « égal ». On n'obtient alors qu'un rangement des niveaux sonores selon un certain ordre, celui de leurs sonies croissantes, par exemple.

Il faut, de plus, savoir *combien de fois* un son A est plus fort qu'un son B. C'est en connaissant les rapports de sonie entre les sons que l'on peut établir une véritable *échelle de sonie*.

Stevens a proposé *le sone* comme unité de cette nouvelle échelle. La valeur « un sone » a été définie arbitrairement comme représentant la sonie d'un son de 1 000 Hz à un niveau de 40 dB.

Pour établir l'échelle de sonie, on peut demander à un sujet de régler le niveau d'un son de 1 000 Hz pour qu'il paraisse 2 fois plus fort que le son de 1 sone (méthode de production). On obtient alors le niveau de pression acoustique correspondant à un niveau de sonie de 2 sones ; le sujet peut ensuite régler le niveau pour que le son paraisse 2 fois moins fort que le premier ; on obtient le niveau qui correspond à 0,5 sone, etc. Ou bien on peut procéder par une méthode d'estimation directe de la grandeur : le sujet estime alors, au moyen d'un nombre, le rapport de sonie qui existe entre deux sons à des niveaux différents, présentés successivement.

Lorsqu'on porte sur un graphique le nombre de sones obtenus en fonction du niveau de pression acoustique, ou en fonction du niveau d'isosonie, on trace *la fonction de sonie du son de 1 000 Hz* (fig. 16). On voit que, pour être évalué à 2 sones, le

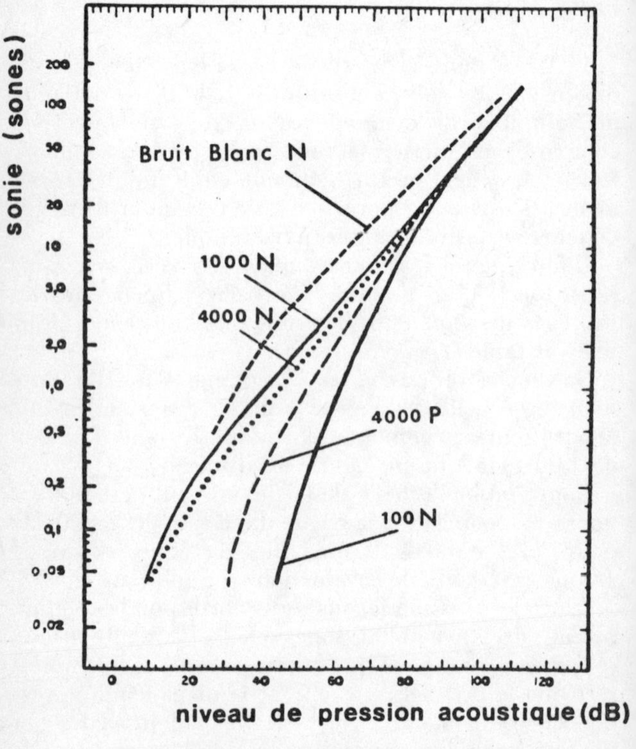

Fig. 16. — Fonctions de sonie pour divers sons ;
N : normales ; P : pathologiques

son ne doit pas avoir un niveau double du son de 40 dB, mais il faut environ 50 dB. A partir d'un niveau de 40 dB, à chaque augmentation de 10 phones (ou de 10 dB à 1 000 Hz), la sonie du son est doublée.

Pour des fréquences très différentes de 1 000 Hz, graves ou aiguës, la sonie croît plus vite en partant d'un seuil plus élevé (voir courbe 100 Hz normale sur la fig. 16).

Lorsqu'il y a surdité partielle d'origine cochléaire comme c'est le cas des surdités dues au bruit (fatigue temporaire ou traumatisme définitif) on constate une élévation du seuil ainsi qu'une augmentation de la pente de la fonction de sonie par rapport aux courbes normales (voir courbes 4 000 Hz normale et pathologique sur la fig. 16). C'est ce que l'on appelle le *recrutement* de la sonie. Aux niveaux élevés, la fonction de sonie pathologique *rattrape* la fonction normale. Ce recrutement et ce rattrapage expliquent pourquoi les personnes atteintes de surdités de ce type sont la plupart du temps aussi gênées que les bien-entendants par les bruits, à partir d'un certain niveau sonore. Leur surdité n'atténue en effet que les sons de niveau peu intense.

2. **La sonie et la largeur de bande des sons.** — La largeur de bande d'un son complexe non périodique est la distance en hertz entre sa composante la plus grave et sa composante la plus aiguë.

La sonie d'un tel son augmente avec sa largeur de bande, même si l'intensité physique globale du son est maintenue constante. Toutefois, la sonie ne commence à augmenter qu'au-delà d'une certaine largeur appelée *la bande critique*. La largeur de cette bande critique augmente à mesure que la fréquence centrale du son complexe est plus élevée ; à 1 000 Hz, la bande critique a une largeur de 160 Hz, à 4 000 Hz elle est de 680 Hz.

L'augmentation de la sonie en fonction de la largeur de bande n'est pas la même à tous les niveaux, elle est plus forte aux niveaux moyens qu'aux niveaux faibles et élevés. Si bien que la sonie d'un son complexe dont la largeur de bande dépasse la bande critique augmente avec le niveau selon une fonction qui n'est pas tout à fait parallèle à celle du son de 1 000 Hz.

La figure 16 montre que le bruit blanc a un seuil d'audition plus élevé que celui d'un son pur de 1 000 Hz ; à mesure que le niveau de pression acoustique augmente au-dessus de ce seuil, la sonie du bruit blanc augmente d'abord plus vite que celle du son pur puis, au-dessus de 60 dB, moins rapidement.

3. **Les variations de la sonie en fonction de la durée.** — Pour des sons brefs dont on allonge progressivement la durée, le seuil d'audition diminue et la sonie augmente à mesure que la durée croît jusqu'à environ 200 millisecondes. Lorsqu'un son passe de 20 à 200 ms, sa sonie double. En règle générale lorsque la durée est multipliée par 10, la sonie est à peu près multipliée par 2.

Au-delà de 200 ms, on ne constate pratiquement pas de modification de seuil ou de sonie. Toutefois, lorsqu'un son de niveau faible est prolongé pendant plusieurs dizaines de secondes, sa sonie diminue peu à peu. Ce phénomène, appelé *adaptation de la sonie*, est plus marqué pour les sons purs que pour les sons complexes et pour les sons de niveau stable que pour les sons dont le niveau fluctue au cours du temps. Aux niveaux d'audition moyens, ce type d'adaptation ne se produit pas chez la grande majorité des sujets audiologiquement normaux.

VI. — L'effet de masque

Nous venons de voir comment la sonie varie en fonction du niveau physique, de la composition fréquentielle et de la durée des sons. Un autre facteur susceptible de modifier la sonie d'un son est la présence d'un autre son. Lorsqu'on entend simultanément deux sons de fréquences assez voisines, leurs sonies respectives sont modifiées ; souvent l'un des sons *masque* l'autre, modifiant son seuil et sa sonie.

Selon les niveaux respectifs des deux sons, la présence du son masquant peut :

— soit supprimer la possibilité de percevoir l'autre son ; l'effet de masque est alors *total ;*
— soit augmenter le seuil de perception de l'autre son et diminuer sa sonie ; l'effet de masque est alors *partiel.*

Trois facteurs jouent un rôle déterminant dans l'effet de masque :

— l'intensité du son masquant ;
— la composition spectrale du son masquant ;
— les fréquences respectives du son masquant et du son masqué.

Cependant, l'importance des rapports temporels entre le son masquant et le son masqué doit également être signalée. Il existe un *effet de masque antérieur* dans lequel un son peut être masqué par un son masquant qui le suit ; il existe aussi *un effet de masque postérieur* dans lequel le son masquant précède le son masqué. Mais c'est lors de l'*effet de masque simultané,* dans lequel le son masqué intervient en même temps que le son masquant — tout en étant généralement plus court —, que l'effet des trois facteurs cités ci-dessus a été le plus abondamment étudié :

1. **L'intensité du son masquant.** — La fonction de sonie du son partiellement masqué est modifiée : plus le son masquant est intense, plus le seuil des sons qu'il masque est élevé et plus leur fonction de sonie a une pente rapide.

2. **La composition en fréquence du son masquant.** — Lorsqu'un bruit à bande large masque un son pur, seule une partie de ce bruit a un effet masquant effectif. Il s'agit d'une certaine bande de bruit centrée sur la fréquence du son masqué. La largeur de cette bande dépend de la fréquence du son masqué, c'est la même que la largeur de la bande critique pour la sommation de sonie à cette fréquence (fig. 17).

Si, tout en maintenant son niveau global constant, on filtre de plus en plus un bruit blanc, de façon à

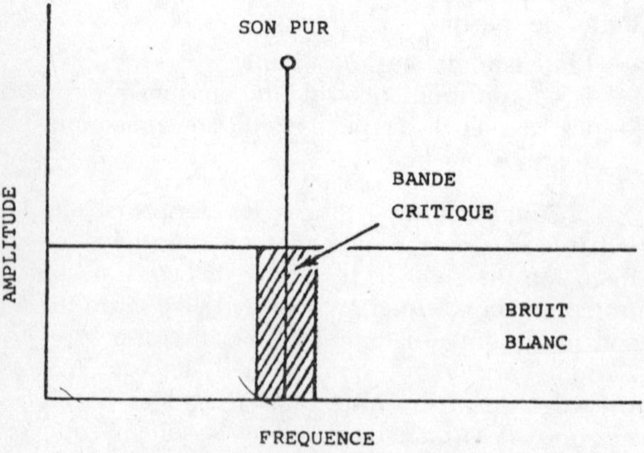

Fig. 17. — Schéma de l'effet de masque en fonction de la largeur de bande d'un bruit (d'après B. Scharf, 1978, avec l'autorisation de l'auteur et de *Academic Press*)

diminuer l'étendue de son spectre de fréquences, le seuil d'un son masqué par lui ne change tout d'abord pas. C'est seulement lorsque la largeur de bande du bruit blanc filtré devient inférieure à la bande critique que l'effet de masque diminue.

3. **Les fréquences respectives du son masquant et du son masqué.** — A) *Variation du « pouvoir masquant » d'un son en fonction de la fréquence du son masqué.* — Les courbes de la figure 18 représen-

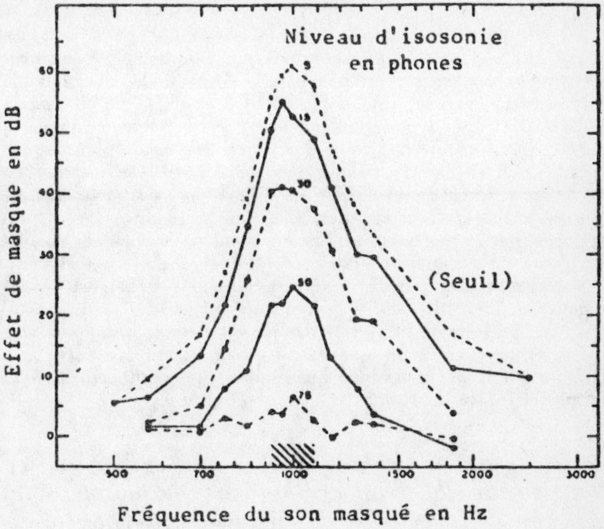

Fig. 18. — Masque de sons purs par un bruit de bande étroite centrée sur 1 000 Hz (partie hachurée) d'un niveau de pression acoustique de 70 dB (mêmes références que la fig. 17)

tent *le pouvoir masquant* d'un son dont on a fixé la composition spectrale (bande de bruit centrée sur 1 000 Hz et de 160 Hz de largeur) et le niveau (70 dB). On a tracé les courbes des pertes de sonie (en dB à ajouter pour maintenir la sonie) des sons masqués en fonction de leur fréquence, un peu au-dessus du seuil d'effet de masque (5 phones) ainsi qu'à 5 autres niveaux partiellement masqués (jusqu'à 75 phones). Au niveau du seuil d'effet de masque, et aux niveaux de faible sonie du son masqué, l'effet de masque de la bande de bruit est plus étendu vers les hautes fréquences que vers les basses. Vers 50 phones, il est à peu près symétrique.

Les courbes de masquage montrent que le filtrage des fréquences au niveau cochléaire n'est pas parfait. Un son de niveau faible excite une zone restreinte de la cochlée autour du point de la cochlée qui répond préférentiellement à cette fréquence. Mais, à mesure que son niveau s'élève, il excite une zone de plus en plus étendue. Le filtrage n'est donc plus très sélectif. Ceci est mis en évidence, d'après Zwicker, par les formes des courbes d'effet de masque. Elles révèlent en effet, selon lui, la quantité d'excitation apportée par le masquant en chaque point de la cochlée. Chaque fréquence du son masqué testée sert en quelque sorte à « sonder » l'excitation causée par le masquant au point de la cochlée qui répond préférentiellement à la fréquence du masqué. Plus le seuil d'un son masqué de fréquence donnée est élevé (par rapport à sa valeur en absence de masquant), plus le masquant cause d'excitation au point de la cochlée qui répond préférentiellement à la fréquence du son masqué.

B) *Variations de la « masquabilité » d'un son en fonction de la fréquence du son masquant : les courbes de sélectivité de fréquence psychoacoustiques.* — Pour obtenir *les courbes de sélectivité de fréquence psychoacoustiques* (fig. 19), qui sont des courbes d'effet de masque, on utilise 2 sons :

— *un son masqué* de fréquence fixe, de niveau faible (5 dB au-dessus du seuil), il excite ainsi une zone très restreinte (son test) ;
— *un son masquant* de fréquence et de niveau variables. La fréquence de ce son est augmentée lentement de façon automatique et on demande au sujet de régler l'intensité de ce masquant de façon à maintenir le son masqué à un niveau tel qu'il soit juste perceptible (seuil masqué).

A mesure que la fréquence du son masquant change, le niveau nécessaire pour masquer le son test change.

Zwicker a fait les mesures pour 3 fréquences différentes du son masqué : 630, 2 000 et 8 000 Hz. Dans chaque cas, les sons masquants dont la fré-

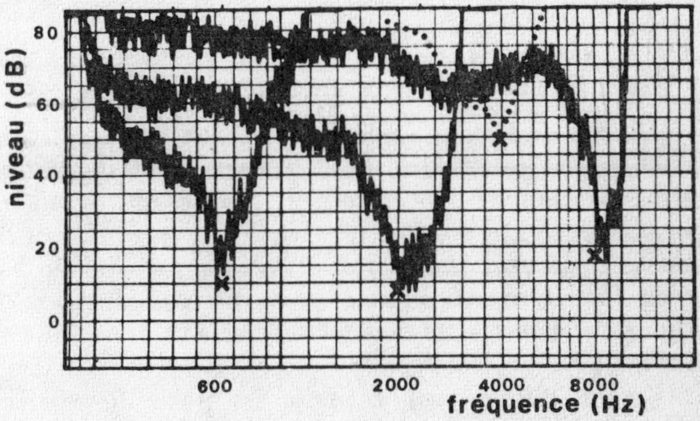

Fig. 19. — Courbes de sélectivité de fréquence psychoacoustiques normales pour 3 sons tests (630, 2 000 et 8 000 Hz) et courbe pathologique en pointillés (traumatisme auditif) pour un son test à 4 000 Hz (d'après Zwicker, 1974, avec l'autorisation de l'auteur et de Springer Verlag)

quence est plus basse que celle du son masqué, sont plus efficaces que les sons masquants dont la fréquence est plus élevée que celle du son test car ils exercent un effet de masque sur le son test lorsqu'ils ont un niveau relativement plus faible que celui qui est nécessaire aux masquants de fréquence plus élevée. Du côté des fréquences plus élevées, d'ailleurs, un grand nombre de fréquences sont complètement incapables de masquer le son test.

La courbe de sélectivité est la courbe du niveau nécessaire pour masquer un son test en fonction de la fréquence du masquant. C'est aussi une courbe de la « masquabilité » d'un son de fréquence donnée (son test) en fonction de la fréquence masquante. C'est l'inverse d'une courbe de pouvoir masquant, mais elle révèle la même chose. Pour un masquant de fréquence donnée, plus il cause d'excitation au point excité préférentiellement par un son test donné, plus le niveau nécessaire pour masquer ce son test sera faible. C'est pourquoi aux fréquences proches du son test, le niveau du masquant nécessaire au masquage est faible. Ce niveau augmente à mesure que la fréquence masquante s'éloigne de la fréquence à masquer. L'augmentation est très rapide du côté des fréquences plus élevées que celle du son test et plus lente de l'autre. L'asymétrie des courbes de sélectivité et l'écartement des deux branches est une caractéristique importante de l'audition.

En cas de fatigue auditive ou de surdité par lésion cochléaire, les courbes de sélectivité sont modifiées. Elles présentent un écartement plus grand des deux branches ce qui indique une sélectivité anormalement basse : un son masquant de fréquence donnée est plus facilement masquant (à un niveau plus faible) que pour une oreille normale (courbe en pointillé sur la fig. 19).

Ceci explique probablement en partie les pertes d'intelligibilité de la parole dans le bruit, particulièrement gênantes pour les personnes atteintes de surdité d'origine cochléaire. Même si le déficit du seuil d'audition est compensé par une amplification des signaux acoustiques (prothèse) le manque de sélectivité n'est pas compensé et l'intelligibilité dans le bruit n'est pas améliorée.

CHAPITRE III

LA MESURE DES BRUITS LES INDICES POUR L'ÉVALUATION DE LEURS EFFETS ET LES RÉGLEMENTATIONS

La mesure des niveaux de bruit a une importance primordiale, puisqu'en général les effets gênants, perturbateurs ou nocifs des bruits n'apparaissent qu'au-dessus de certains niveaux et sont d'autant plus importants que le niveau du bruit est plus élevé. Les mesures acoustiques indiquent donc la nécessité de mettre en œuvre des moyens de réduction du bruit. La mesure et l'analyse des bruits sont des moyens de diagnostic pour établir les programmes de réduction du bruit pour les aéroports, les ateliers, les autoroutes, les bâtiments, les studios d'enregistrement, etc. Permettant de prévoir et de tester l'efficacité de ces programmes, la mesure des bruits est un outil qui permet d'améliorer la qualité de la vie.

Dans un premier temps, il faut mesurer les niveaux physiques des bruits. Mais, comme le montre le chapitre précédent, ces niveaux physiques ne nous renseignent pas sur les niveaux subjectifs des bruits ainsi mesurés. C'est pourquoi les appareils de mesure des niveaux de bruits, les sonomètres en particulier, se basant sur les données de la psychoacoustique, calculent la contribution à la sonie des différentes fréquences composant un bruit donné. Ils tentent ainsi de reproduire au mieux la réponse du système auditif de l'Homme.

Ensuite, les résultats de ces mesures peuvent être comparés à un certain nombre d'indices obtenus à partir de faits expérimentaux ou d'enquêtes de façon à apprécier la nocivité des bruits. Ces indices sont très utiles car de nombreux programmes de protection contre le bruit ont pour but de réduire le bruit émis par une ou plusieurs sources à un niveau tel que ses effets sur l'Homme soient tolérables.

I. — Les appareils de mesure des bruits

1. **Les sonomètres.** — Les sonomètres devraient permettre de mesurer non seulement l'intensité physique des sons mais encore leur intensité subjective. Toutes les caractéristiques connues du système auditif humain devraient en principe être reproduites par les circuits électroniques des sonomètres : courbe de réponse en sonie en fonction de la fréquence, intégration des intensités des diverses composantes, constante de temps, etc. Il n'est toutefois pas encore possible de réaliser un appareil objectif de mesure des bruits fournissant, pour tous les types de bruit, des résultats absolument comparables à ceux que fourniraient des méthodes subjectives directes. Il était cependant indispensable de normaliser un appareil permettant d'exécuter les mesures de façon que les résultats obtenus par les différents utilisateurs soient, d'une part, assez proches des réponses en sonie du système auditif et, d'autre part, reproductibles et comparables d'un utilisateur à l'autre. C'est ce qu'a fait l'AFNOR dont la norme NF S31-009 définit les spécifications des sonomètres.

Dans un sonomètre, le signal sonore est converti en

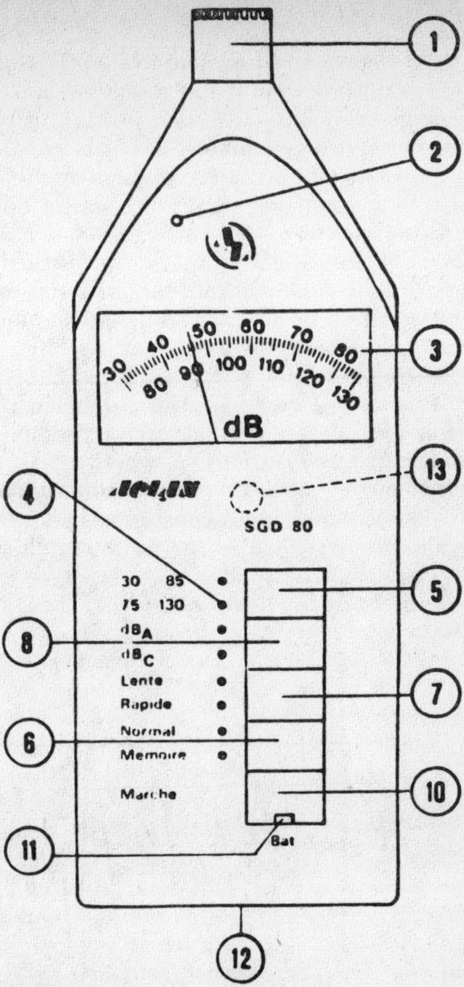

Fig. 20. — Schéma d'un sonomètre

(1) microphone; (2) réglage de calibration; (3) cadran de lecture; (4) diodes luminescentes indicatrices du conditionnement de mesure; (5) touche de choix de gamme; (6) touche de recherche de maximum; (7) choix de la constante de temps rapide ou lente; (8) choix de la pondération; (9) touche de mise en attente; (10) bouton marche-arrêt; (11) voyant « état de la batterie »; (12) accès aux logements des piles; (13) trou fileté permettant de fixer l'appareil sur pied

un signal électrique équivalent par un microphone. Ce signal est ensuite amplifié et passe par un *réseau de pondération* (A, B, C ou D) ou par un filtre d'octave ou de tiers d'octave connecté à l'extérieur de l'appareil. Après une amplification supplémentaire, la valeur de la *pression efficace* est détectée et un appareil de lecture indique le *niveau de pression acoustique en décibels* (référence 20 µPa). Ce dispositif de lecture peut être analogique (cadran, enregistreur) ou numérique ou encore procéder par allumage de lampes pour représenter les échelons de niveau (fig. 20).

A) *Pression efficace.* — C'est donc le niveau de pression efficace en décibels qui est donné par les sonomètres. La *pression efficace* (*p* eff) est une pression moyenne. C'est la moyenne quadratique temporelle des pressions acoustiques instantanées, au point de mesure, calculée sur un intervalle de temps convenable (fig. 21).

Elle diffère de la *valeur de crête* (*p* max) qui est la

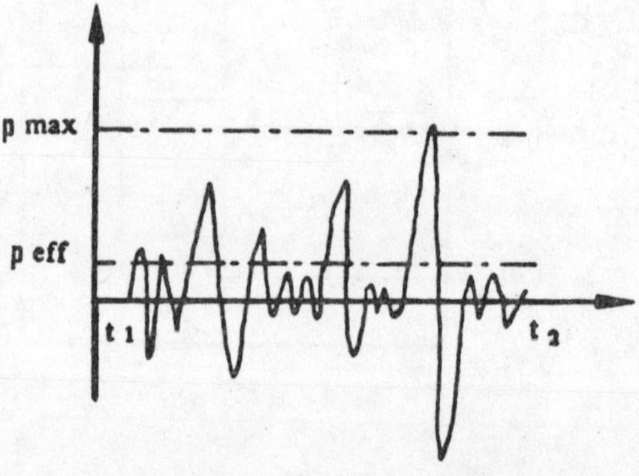

Fig. 21. — Pression acoustique observée pendant un intervalle de temps (t_1, t_2) ;

p max : valeur de crête ; p eff : valeur efficace

valeur maximale prise par la pression entre deux instants. Un détecteur de crête peut être inclus dans le sonomètre pour déterminer la valeur de crête des signaux impulsionnels et un circuit de retenue permet de maintenir un certain temps l'indication de la valeur maximale apparue.

B) *Constantes de temps des sonomètres.* — La valeur du niveau de pression acoustique efficace dépend de la *constante de temps* du sonomètre. Il existe deux constantes de temps différentes sur les sonomètres selon le temps d'obtention de la moyenne quadratique. Lorsqu'on règle le sonomètre sur *la caractéristique F* (pour *fast* = rapide), la constante de temps est de 125 ms; sur *la caractéristique S* (pour *slow* = lente), la constante de temps est de 1 000 ms. La caractéristique F donne une réponse rapide du dispositif de lecture et permet de suivre et de mesurer un bruit qui ne varie pas trop. La caractéristique S permet d'intégrer les variations rapides lorsqu'elles rendent la lecture impossible en position F.

Certains sonomètres possèdent une *caractéristique très rapide, I* (pour impulsion). Dans cette configuration de mesure, la valeur efficace est obtenue par un circuit de moyennage dont la constante de temps est de 35 ms. Un détecteur de crête est introduit dans la chaîne, sa constante de temps de montée est faible par rapport aux 35 ms du circuit de moyennage, sa vitesse de descente a une constante de temps très longue, 1 500 ms environ permettant une lecture qui, avec une constante de temps de 35 ms, serait impossible. Certains sonomètres non seulement détectent mais mesurent les valeurs de crête. Le temps de montée du détecteur doit alors être extrêmement rapide, quelques microsecondes.

Bien entendu, pour un signal sinusoïdal permanent et stable les valeurs obtenues doivent être les mêmes que l'on utilise les caractéristiques S, F ou I.

C) *Intégration des sons de différentes fréquences.* — Faute d'informations suffisantes sur la façon dont le système auditif intègre les données se rapportant à plusieurs sons ou aux composantes d'un même son, on a adopté sur les sonomètres la loi d'addition quadratique. Selon cette loi, en présence de plusieurs composantes sinusoïdales, les sonomètres doivent indiquer des valeurs proportionnelles à une pression acoustique moyenne qui est la racine carrée de la somme des carrés des pressions acoustiques efficaces de chaque composante.

Si les pressions acoustiques efficaces de deux composantes sont égales, la pression acoustique efficace moyenne est égale à la racine carrée du double du carré de la pression acoustique efficace d'une des composantes, c'est-à-dire à la pression acoustique efficace d'une des deux composantes égales multipliée par $\sqrt{2}$; ainsi, l'addition de deux composantes égales doit se traduire par un accroissement de 3 dB (multiplier la pression par $\sqrt{2}$ équivaut à multiplier la puissance par 2, donc à une augmentation de 3 dB).

D) *Courbes de réponse en fonction de la fréquence.* — Les *réseaux pondérateurs* permettent, dans une certaine mesure, de tenir compte des différences de réponse de l'oreille aux diverses fréquences. Il est évidemment impossible sur un sonomètre de tenir compte de toutes les lignes isosoniques possibles. Les sonomètres se limitent à quelques lignes seulement, le plus souvent trois (pondérations correspondantes : A, B et C). Une pondération spéciale, la pondération D a été normalisée pour la mesure du bruit des avions. Mais aujourd'hui la pondération A est celle qui est la plus largement employée, car les pondérations B et C ont donné de moins bonnes corrélations avec les mesures subjectives.

Les trois lignes isosoniques généralement retenues sont : 40 phones (*courbe A*), 70 phones (*courbe B*) et 100 phones (*courbe C* ou *plate)*. Ces courbes ont été obtenues à partir des lignes isosoniques de Fletcher et Munson (1933) après quelques corrections.

Des systèmes d'atténuation différentielle reproduisent ces lignes sur les sonomètres. La figure 22 donne les atténuations introduites par les courbes A, B et C homologuées sur le plan international et sur le plan français.

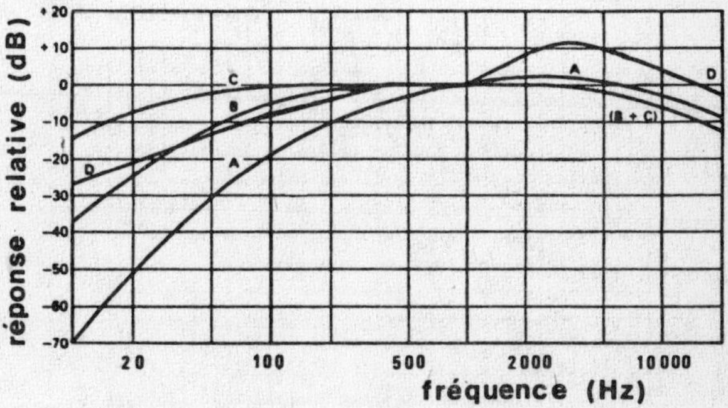

Fig. 22. — Courbes de réponse A, B et C normalisées sur les sonomètres ainsi que la courbe D (voir chap. III)

Les valeurs trouvées au sonomètre sont loin d'être toujours conformes à une appréciation subjective. Aussi préfère-t-on souvent garder aux chiffres lus le qualificatif de « décibels », bien que ceci soit incorrect, ou de « décibels pondérés » ; on utilise maintenant selon les recommandations internationales et les normes françaises homologuées : dB(A), dB(B), dB(C), suivant la courbe considérée ; mais seuls, les dB(A) sont pris en considération, tant dans les normes internationales que dans les normes françaises.

Sur certains sonomètres, il existe, en plus de ces trois courbes, une position de mesure dite « *linéaire* » pour laquelle le sonomètre donne une valeur de

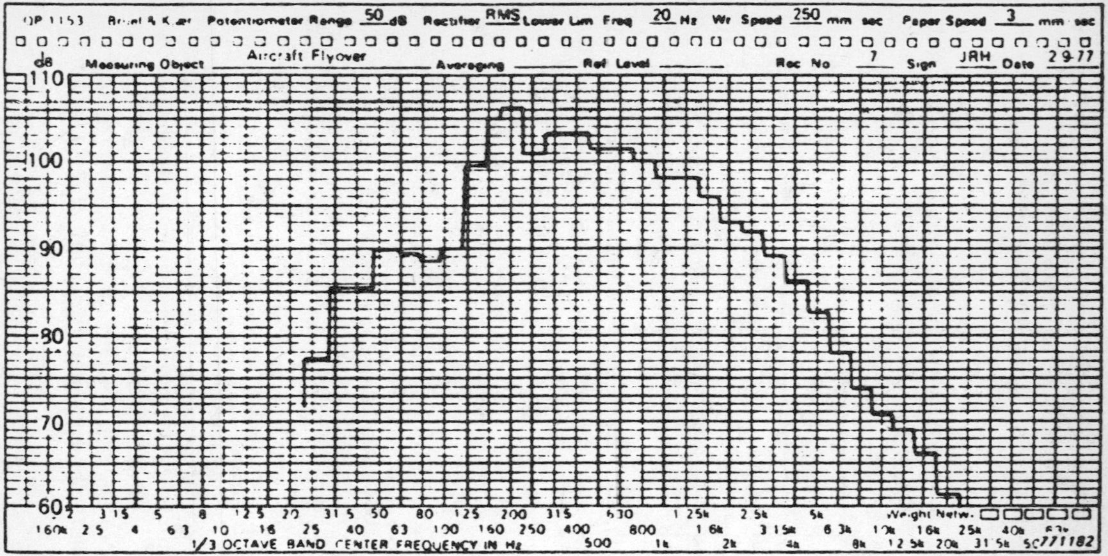

Fig. 23. — Enregistrement de l'analyse d'un bruit d'avion par bandes de 1/3 d'octave

En abscisse : fréquence centrale des bandes ; en ordonnée : niveau en dB (sans pondération) (même référence que la fig. 2)

pression efficace qui est linéaire en fonction de la fréquence. Cette pression est mesurée directement après l'amplificateur d'entrée sans l'intervention des réseaux de pondération.

E) *Mesure des bruits impulsionnels.* —Deux facteurs semblent particulièrement importants pour caractériser un bruit qui, subjectivement, est impulsionnel :

— *la répartition temporelle de l'énergie acoustique* (durée d'une impulsion et de ses différentes phases, intervalle de répétition) ;
— *l'émergence du niveau de crête* par rapport au bruit de fond.

La mesure des bruits impulsionnels pose de ce fait plusieurs problèmes. Tout d'abord le sonomètre à impulsions doit avoir une grande marge dynamique afin de ne pas réduire les niveaux de crête. Il faut, de plus, que la constante de temps de l'appareil soit courte par rapport au temps de montée des impulsions si l'on veut pouvoir mesurer les niveaux de crête.

Une tentative a été faite pour construire des sonomètres à impulsions qui indiquent des niveaux proportionnels à la sonie des bruits brefs. Malgré la dispersion des résultats expérimentaux obtenus par des mesures subjectives, la norme internationale a choisi une durée de 35 ms comme temps de moyennage pour ce type de sonomètres. Cependant, cette durée est encore bien trop longue pour mesurer les niveaux de crête de nombreux bruits et, à partir des niveaux mesurés par ces sonomètres, il est difficile de prédire tous leurs effets sur l'Homme. En particulier, leurs effets lésionnels sur la cochlée doivent dépendre en grande partie des niveaux et des facteurs de crête. A l'heure actuelle des recherches sont encore nécessaires pour définir et mesurer de façon efficace les bruits de ce type.

F) *Les différentes classes de sonomètres.* — La norme NF S31-009 de l'AFNOR homologuée en 1981

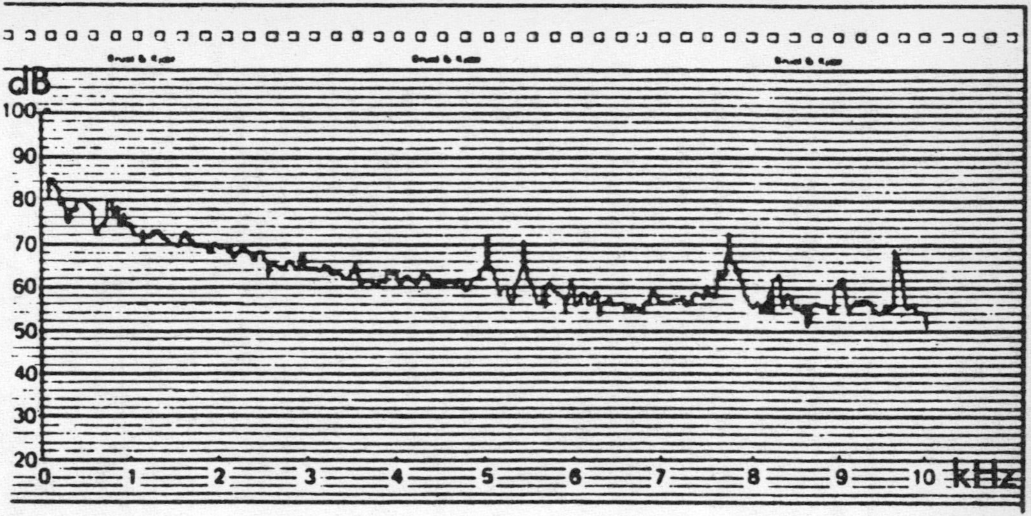

Fig. 24. — Enregistrement de l'analyse par bandes étroites d'un bruit de presse

En abscisse : fréquence en kilohertz (1 kHz = 1 000 Hz) ; en ordonnée : niveau en dB (sans pondération) (même référence que la fig. 2)

définit toutes les caractéristiques des sonomètres, leur emploi, leur étalonnage et leur vérification. Elle distingue *4 classes de sonomètres* : 0, 1, 2 et 3. Ces quatre catégories d'appareils sont différenciées par la stabilité de leur réponse et par les tolérances en ce qui concerne les affaiblissements apportés aux différentes fréquences par les circuits de pondération ; ainsi la précision sur la lecture doit être de ± 0,4 dB, ± 0,7 dB, ± 1,0 dB et ± 1,5 dB respectivement pour les instruments de classes 0, 1, 2 et 3. Les sonomètres de classe 0 et 1 sont prévus pour être utilisés en laboratoire ; très précis, ils fonctionnent bien dans un environnement très contrôlé. La classe 2 comprend les sonomètres d'usage général et la classe 3 est prévue pour la surveillance du bruit.

2. **Les analyseurs de fréquence.** — Nous avons montré (chap. II) que la répartition de l'énergie acoustique en fonction de la fréquence joue un rôle important pour ce qui concerne les effets psychoacoustiques (sonie, masque, fatigue) et les effets nocifs des bruits. Les sonomètres, seuls, ne renseignent pas sur cette répartition ; il faut utiliser des analyseurs.

Les *analyseurs de bande* comprennent des séries de filtres d'octave, de demi-octave, de tiers d'octave, ou des filtres à bandes étroites. Ces filtres peuvent être couplés avec le sonomètre ; les lectures sont faites en décibels en position « linéaire ». Le dispositif effectue une intégration des composantes par bandes (fig. 23 et 24).

Les *analyseurs spectraux* permettent de connaître exactement les diverses composantes de fréquence d'un bruit et non pas seulement leur répartition dans un certain nombre de bandes.

Ces analyses (par bandes plus ou moins larges) peuvent être effectuées selon une méthode séquentielle (une bande après l'autre). Cette méthode requiert un temps qui est égal au temps de mesure multiplié par le nombre de bandes examinées. Elle est donc adaptée seulement à l'analyse des signaux stables ou dont les variations sont lentes.

Pour des signaux dont l'amplitude ou la composition spectrale varient très rapidement, une technique différente doit être utilisée, celle de l'*analyse en temps réel.* Elle consiste à présenter le signal simultanément aux entrées de chacun des filtres utilisés, et à envoyer les sorties des différents filtres à un système de visualisation tel qu'un écran cathodique par exemple. Les appareillages modernes accomplissent ces traitements de façon numérique à très grande vitesse grâce

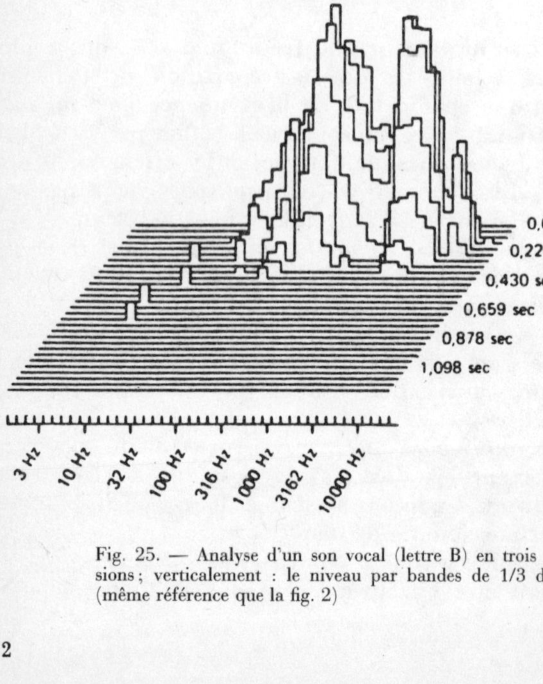

Fig. 25. — Analyse d'un son vocal (lettre B) en trois dimensions ; verticalement : le niveau par bandes de 1/3 d'octave (même référence que la fig. 2)

à une méthode de calcul rapide basée sur les équations de Fourier, *la méthode FFT* (Fast Fourier Transform). Le spectre affiché sur l'écran peut ainsi être renouvelé un grand nombre de fois par seconde. Les spectres peuvent être enregistrés sous forme de graphiques, et aussi être traités dans un ordinateur programmé pour calculer le niveau acoustique, la sonie, etc. Certains programmes permettent d'établir des graphiques en trois dimensions pour faire apparaître les variations des spectres en fonction du temps (fig. 25).

II. — Méthodes d'estimation des effets des bruits sur l'Homme. Réglementations

1. **Niveau d'isosonie et sonie.** — A) *Niveau pondéré A.* — Les valeurs obtenues avec les sonomètres en utilisant la courbe pondérée A sont utiles pour classer des bruits suivant leur niveau d'isosonie à condition que ces bruits soient assez semblables. Comme nous l'avons remarqué les valeurs lues ne correspondent pas à un réel niveau d'isosonie, il s'agit du *niveau pondéré A* que l'on exprime en décibels (A).

B) *Niveau d'isosonie véritable et niveau de sonie.* — Rappelons que le *niveau d'isosonie*, en *phones*, d'un signal sonore quelconque est égal au niveau de pression acoustique, en décibels, d'un son pur de 1 000 Hz jugé de même intensité.

Le *niveau de sonie*, en *sones*, d'un son quelconque est proportionnel à l'intensité subjective de ce son, la base de l'échelle de sonie étant 1 sone pour 1 son de 40 phones.

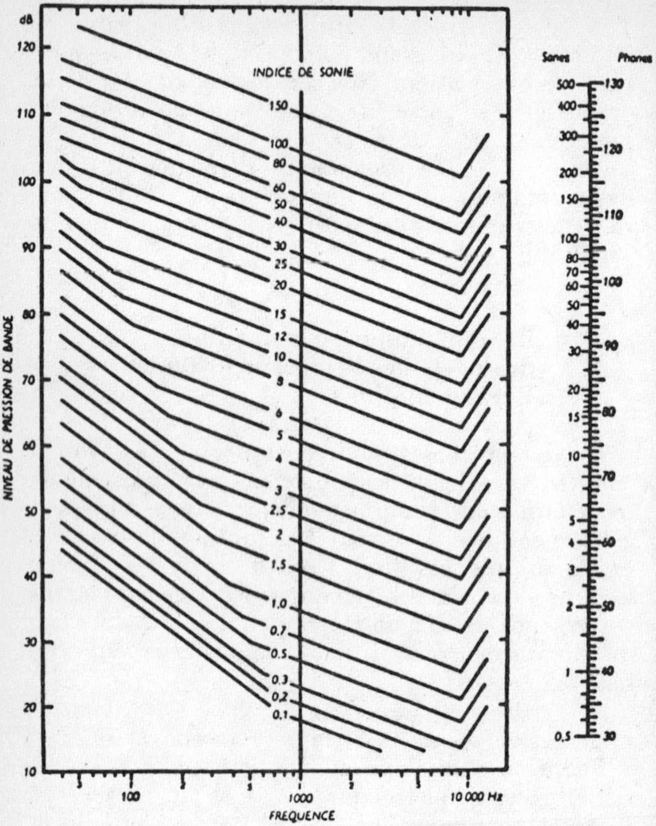

Fig. 26. — Abaque de Stevens pour calculer la sonie des sons complexes à partir de leur niveau en dB par bande de fréquence. Le nomogramme de droite permet de convertir les sones en phones

Deux méthodes ont été proposées pour calculer de façon approchée le niveau d'isosonie et la sonie des sons complexes de niveau stable à partir de leur analyse fréquentielle.

a) *Méthode de Stevens.* — Un diagramme (fig. 26) permet la conversion de chaque niveau de bande en indice de sonie. Premièrement, on place la fréquence médiane de chaque bande sur l'axe des abscisses de la figure 26. Puis, d'après le niveau mesuré de la bande (ordonnées de la fig. 26), on détermine l'*indice de sonie* de chaque bande.

Deuxièmement, on calcule la *sonie totale* St au moyen de la formule : $St = Sm + F(\Sigma S - Sm)$ dans laquelle Sm est le plus grand indice de sonie, ΣS la somme des indices de sonie de toutes les bandes et F un coefficient égal à :

0,3	pour une analyse en bandes d'octave
0,2	pour une analyse en bandes de demi-octave
0,15	pour une analyse en bandes de tiers d'octave

Troisièmement, la sonie totale peut être convertie en un *niveau d'isosonie* calculé au moyen de la formule $P = 40 + 33 \lg_{10} St$ ou au moyen du nomogramme de la figure 26. P est exprimé en *phones.*

b) *Méthode de Zwicker.* — Cette méthode permet de calculer la sonie des sons complexes, pour lesquels on a effectué une analyse par bandes de tiers d'octave, au moyen d'un ensemble de graphiques dont un exemple est présenté sur la figure 27. Cette méthode est basée sur l'hypothèse de Zwicker concernant la façon dont la sonie totale d'un son dépend des contributions respectives des différentes bandes critiques qui le composent. On porte sur ces graphiques les niveaux mesurés (dans les bandes au-dessus de 280 Hz) sous forme de lignes horizontales de façon que les fréquences extrêmes des bandes de tiers d'octave correspondent aux abscisses du graphique et que les niveaux mesurés correspondent au numérotage des lignes à échelons. Les niveaux des bandes inférieures à 280 Hz sont traités différemment car les bandes critiques sont plus larges qu'un tiers d'octave aux basses fréquences ; on procède, dans ce cas, à des groupements de bandes pour lesquels on combine les niveaux de bande mesurés.

Lorsque tous les échelons sont tracés, on relie, en partant des fréquences les plus basses, chaque échelon à l'échelon qui le suit par une ligne, en appliquant la règle suivante : si, dans la bande de fréquences immédiatement supérieure, le niveau est plus élevé, on joint les deux niveaux par une ligne verticale ; si le niveau est plus

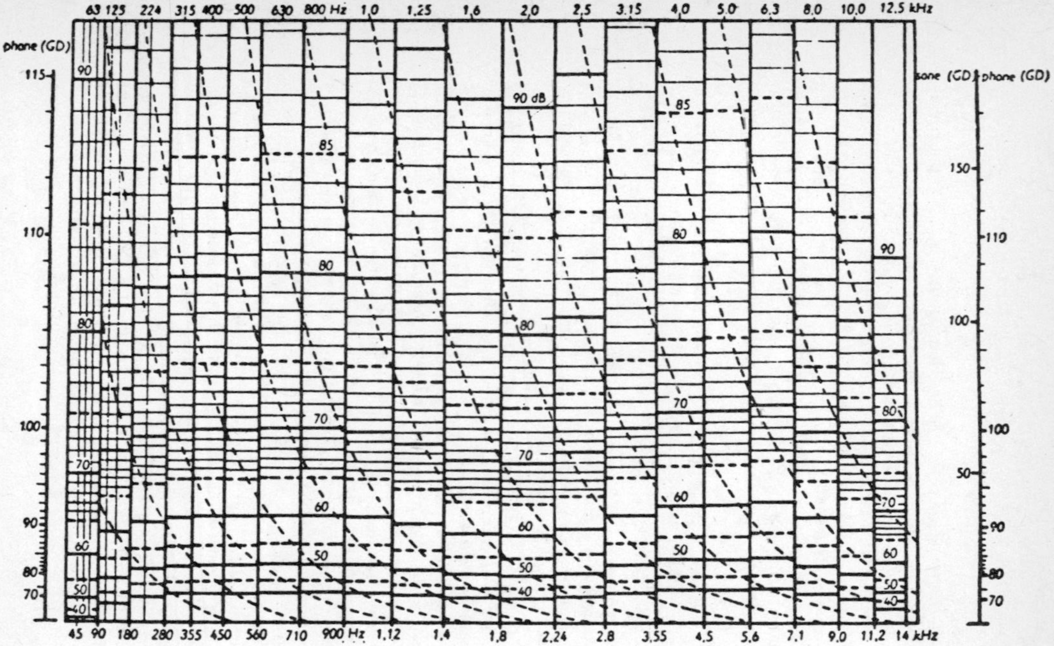

Fig. 27. — Exemple d'un des graphiques de Zwicker pour calculer la sonie des sons complexes à partir de leur niveau en dB par bandes de 1/3 d'octave. Il s'agit ici d'un graphique GD à utiliser lorsque le bruit atteint

bas, la jonction se fait par une courbe parallèle à celles du graphique (traits interrompus).

L'aire délimitée entre l'axe des abscisses et le tracé ainsi obtenu correspond à la *sonie totale.* On la tranforme en un rectangle de surface égale dont l'un des côtés est la largeur totale du graphique. La grandeur de l'autre côté donne directement le *niveau d'isosonie* recherché. Ce niveau, en phones, est lu sur l'une des échelles placées de chaque côté du graphique ; la sonie correspondante en sones peut être lue également sur l'échelle de droite.

Cette méthode fournit en général des valeurs de sonie un peu plus élevées que celles obtenues par la méthode de Stevens. Lorsque les sons complexes sont périodiques, ou lorsque leurs spectres sont irréguliers, la méthode de Zwicker convient mieux. Les détails de l'application de ces deux méthodes ont fait l'objet d'un fascicule de documentation de l'AFNOR (NF S30-005).

2. **Estimation du risque dû aux expositions professionnelles. Niveau continu équivalent** (L_{eq}). — A) *Méthode d'estimation.* — Une méthode a été proposée par l'AFNOR en 1975 (NF S31-013) pour estimer le risque d'altération de l'ouïe en cas d'exposition aux bruits professionnels et permettre aux législateurs de fixer les limites de ces expositions ainsi que la mise en œuvre de programmes médicaux de protection de l'ouïe.

Les seules altérations de l'ouïe prises en compte dans le texte de l'AFNOR sont les pertes d'audition qui affectent l'aspect jugé le plus important de l'audition, c'est-à-dire l'audition de la parole.

Grâce à cette norme on peut, connaissant l'exposition au bruit exprimée en termes de niveau de bruit et de durée, estimer le *pourcentage de personnes* qui présenteront un affaiblissement de l'ouïe uniquement en raison de l'exposition professionnelle pour des périodes allant jusqu'à quarante-cinq ans. Le tableau suivant (p. 78) est extrait de la norme NF S31-013.

Le risque supplémentaire lié à l'exposition au bruit professionnel est défini comme la différence entre le pourcentage d'individus présentant une altération de

L_{eq}	*Nombre d'années d'exposition*									
	0	*5*	*10*	*15*	*20*	*25*	*30*	*35*	*40*	*45*
85 dB(A) :										
Risque supplémentaire en %	0	1	3	5	6	7	8	9	10	7
Total en % présentant une surdité	1	3	6	9	12	17	22	30	43	57
90 dB (A) :										
Risque supplémentaire en %	0	4	10	14	16	16	18	20	21	15
Total en % présentant une surdité	1	6	13	18	22	26	32	41	54	65

l'ouïe dans un groupe exposé au bruit et le pourcentage de personnes présentant une altération de l'ouïe dans un groupe de référence non exposé au bruit, mais par ailleurs équivalent. L'année d'exposition doit être comprise comme correspondant à une exposition pendant 50 semaines à raison de 40 heures par semaines.

La norme considère que l'ouïe d'un sujet est altérée si son seuil permanent est déplacé de 25 dB ou plus en moyenne sur les fréquences 500, 1 000 et 2 000 Hz par rapport à l'audiogramme normal. Il faut remarquer que la perte d'intelligibilité de la parole, en particulier de la parole dans le bruit, devrait faire l'objet d'une investigation spéciale. Les surdités professionnelles sont caractérisées, en effet, par une diminution de la sélectivité de fréquence de l'oreille (voir chap. II) ; l'effet masquant des bruits sur le signal de parole risque d'être anormalement grand chez les personnes atteintes de ce type de surdité. L'ensemble des troubles portant sur l'intelligibilité de la parole n'est pas totalement déductible des seules mesures de seuil à 500, 1 000 et 2 000 Hz.

Un aspect important de cette proposition est la prise en compte de la durée d'exposition pour constituer un indice de nocivité d'un bruit donné. Il est évident, en effet, que celle-ci n'est pas seulement fonction du niveau mais dépend aussi de la durée d'exposition. Il faut donc, pour apprécier la nocivité d'un bruit, mesurer, en plus de son niveau, sa durée. Ces mesures sont particulièrement utiles pour caractériser l'exposition en milieu industriel ainsi que celle des bruits d'environnement comme, par exemple, le bruit de la circulation routière.

Bien entendu, la prise en compte de *la durée d'exposition* ne pose aucun problème lorsque le bruit arrivant aux oreilles du sujet présente un niveau constant. Mais, dans les situations réelles, c'est rarement le cas ; le niveau d'un bruit de circulation routière par exemple varie en général considérablement en fonction des heures de la journée, spécialement selon qu'il s'agit de trafic de jour ou de nuit. Même si le bruit émis par les machines dans un atelier donné est particulièrement stable, les distances par rapport à la source, les réflexions, et les écrans divers font que le niveau ainsi que la composition spectrale relevés en différents points du local peuvent varier notablement. En raison des déplacements des personnes à l'intérieur du local, les niveaux auxquels elles sont exposées sont également susceptibles de variations importantes au cours d'une journée de travail.

Pour connaître la dose totale de bruit supportée, on détermine pendant combien de temps *un niveau donné* a été présent ; les niveaux pondérés (A) sont ici encore utilisés. Pour évaluer le risque de surdité professionnelle, on recherche les durées respectives d'exposition à 9 niveaux différents échelonnés de 5 en 5 dB entre 80 et 120 dB(A). A partir de ces différents niveaux, on calcule le niveau en dB(A) d'un son dont le niveau serait stable et qui aurait la même énergie acoustique totale, en niveau pondéré (A), que le bruit fluctuant mesuré ; c'est *le niveau acoustique continu équivalent*, L_{eq}.

Pratiquement, il existe des sonomètres spéciaux appelés *dosimètres* qui calculent automatiquement le L_{eq}. Dans leur version portative, ces appareils sont transportés par le sujet ; le microphone devrait être monté de préférence près de l'oreille.

La méthode n'est pas applicable aux bruits impulsionnels. Lorsque le bruit comporte des pointes de bruits, une augmentation de 10 dB(A) des niveaux utilisés pour déterminer le L_{eq} est conseillée, de façon très approximative. L'ensemble du problème des corrections de niveaux à apporter du fait de la présence de bruits impulsionnels n'est pas résolu actuellement.

Cette norme est encore incomplète car elle ne précise pas les effets des périodes de récupération au cours des journées de travail. Autre limite, l'évaluation des risques dans cette norme a une valeur prévisionnelle de nature statistique. Aucune méthode n'existe actuellement pour dire si un individu donné sera plus ou moins sensible que la moyenne aux effets traumatisants du bruit pour l'oreille, et pourtant on sait qu'il existe de grandes différences individuelles.

Enfin, il n'est peut être pas inutile de rappeler que toutes ces mesures sont faites sur la base du niveau pondéré (A). La pondération utilisée tient compte de la variation de sensibilité de l'oreille en fonction de la fréquence, mais il s'agit toujours d'une sensibilité à l'intensité sonore. Il n'est pas établi de façon certaine que la sensibilité à la fatigue auditive ou aux lésions cochléaires répond à la même loi de pondération en fonction de la fréquence que la sensibilité au niveau de stimulation. Le niveau (A) et les indices basés sur lui ne sont peut-être pas les plus judicieux prédicteurs des risques de surdité dus aux bruits.

B) *Limites admissibles.* — La reconnaissance de certaines surdités dues au bruit comme maladies professionnelles, ne date que de 1963. La protection contre le bruit sur les lieux de travail est apparue encore plus tardivement, en 1969. Depuis, la réglementation a évolué mais elle demeure en retrait par rapport aux recommandations des experts qui proposent des normes aux législateurs.

a) *Recommandations.* — La circulaire de 1971 sur la protection des travailleurs contre les effets nuisibles du bruit s'accompagne de recommandations de la Commission technique d'Etude du Bruit du ministère de la Santé publique datant de 1961. Ces recommandations indiquent *les limites acceptables des bruits industriels* (fig. 28). Trois zones de bruit, qualifiées respectivement de non dangereuse (zone I), présumée dangereuse (zone III) et dangereuse (zone II) sont définies à partir de travaux scientifiques effectués dans plusieurs pays. Une courbe, dans l'axe de la zone III, est préconisée comme « cote d'alarme ». Cette recommandation a le mérite de tenir compte de la composition fréquentielle des bruits.

Pour tenir compte de la présence de bruits impulsionnels, la norme AFNOR propose d'ajouter 10 dB(A) aux niveaux mesurés selon la caractéristique lente du sonomètre.

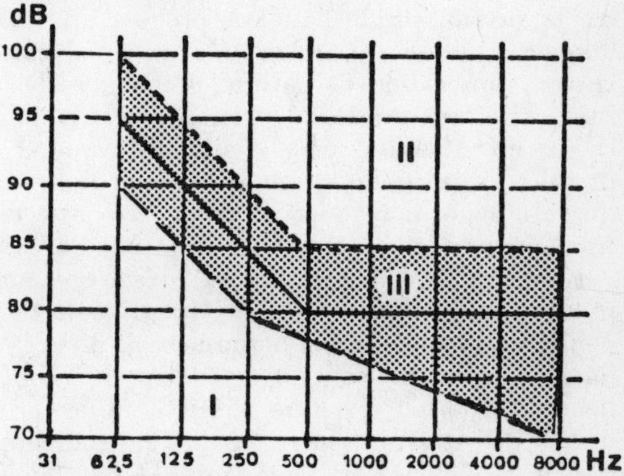

Fig. 28. — Limites acceptables des bruits industriels

zone I : non dangereuse ; zone II : dangereuse ; zone III : présumée dangereuse. En ordonnée : niveau en dB (sans pondération) ; en abscisse : fréquence centrale par bande d'octave

La *surveillance audiométrique* pour toutes les personnes affectées à des travaux qui les exposent à des bruits supérieurs à 80 dB(A) est recommandée : « Un examen audiologique complet devrait être effectué avant toute exposition à des bruits supérieurs à 80 dB... Le seul moyen de dépister la fragilité auriculaire est d'effectuer un deuxième contrôle audiométrique deux mois après le début du travail exposant aux bruits. »

La norme AFNOR (NF S31-013) utilise comme critère de dégradation de l'ouïe un accroissement du seuil d'audition de 25 dB (moyenne des accroissements aux fréquences 500, 1 000 et 2 000 Hz).

b) *Réglementation.* — La circulaire de 1971 rend obligatoire de *« ne pas perdre de vue, dans un esprit de progression, les niveaux sonores de 85 dB(A) comme cote d'alerte et de 90 dB(A) comme cote de danger »* pour des expositions de 40 heures par semaine. Le sens de ces termes n'est éclairé que dans la recommandation annexe ; celle-ci précise que lorsque la « *cote d'alerte* » est atteinte, il faut « surveiller le niveau du bruit » ; à propos de « *cote de danger* », il est dit qu'au-delà de ce niveau « un risque appréciable de surdité professionnelle apparaît ». La recommandation ajoute : « On doit dans ce cas effectuer un contrôle audiométrique et entreprendre toute action visant à diminuer le bruit ou la durée d'exposition, ou à améliorer la protection du travailleur. »

La méthode de mesure des niveaux sonores en milieu de travail a été fixée par un arrêté de 1975. La méthode est basée sur la mesure en dB(A) et le calcul du niveau sonore continu équivalent L_{eq} conformément à la norme AFNOR (NF S31-013). Une correction de +5 dB(A) seulement « lorsque des sons impulsifs ont été repérés » a été retenue par les législateurs.

On peut remarquer que l'effet de la composition en fréquence des bruits n'est pris en compte que par l'intermédiaire de la pondération (A) ce qui n'est pas sans poser des problèmes comme nous l'avons vu. On peut espérer que de meilleurs indices seront mis au point. L'autre grand problème de ces mesures demeure bien entendu celui des bruits impulsionnels, pour lesquels une norme internationale est en préparation. La procédure actuellement proposée sur le plan international revient en pratique à prendre en compte pour les bruits impulsionnels, comme pour les autres types de bruits, le niveau continu équivalent pondéré (A), à condition que le niveau de crête de 145 dB ne soit pas dépassé.

La surveillance médicale des travailleurs exposés aux bruits n'a été rendue obligatoire qu'en 1977 et seulement pour des personnes exposées à des niveaux sonores supérieurs à 85 dB(A). L'arrêté stipule que « le ou les médecins chargés de la surveillance médicale du personnel effectuant d'une façon habituelle lesdits travaux consacreront à cette surveillance un temps calculé sur la base d'une heure par mois pour 10 salariés ».

La reconnaissance de l'origine professionnelle d'une surdité nécessite un déficit audiométrique moyen de *35 dB* à condition que les travaux effectués appartiennent à une liste réglementaire (tableau 42 des maladies professionnelles). Ce tableau, très succinct, a enfin été révisé en 1981 et la liste des activités reconnues comme susceptibles de provoquer une surdité professionnelle a été allongée. Jusqu'à présent seulement quelques centaines de surdités professionnelles étaient reconnues annuellement en France. Ce chiffre est probablement loin de correspondre à la réalité car le bruit moyen dans les ateliers se situe entre 80 et 115 dB(A) avec une forte majorité de cas entre 85 et 95 dB(A) et on estime que, en France, 2 millions de personnes sont exposées à des bruits dangereux sur leur lieu de travail.

3. **Méthodes d'évaluation de la gêne.** — On essaie aussi d'évaluer le degré de *gêne* et d'interférence avec les activités humaines (communications

orales, repos, sommeil) causé par le bruit. Deux types d'indices de niveau permettent de caractériser assez facilement certains effets des bruits de niveau stable : ce sont le niveau de bruit perçu ou bruyance et le niveau de masque de la parole. Mais lorsque le niveau du bruit varie dans le temps, l'établissement d'indicateurs de gêne devient beaucoup plus difficile ; des tentatives ont cependant été réalisées pour estimer la gêne à l'habitat, la gêne due à la circulation aérienne et à la circulation routière.

A) *Bruits stables.* — a) *Effet de masque de la parole.* — Ce mode d'évaluation cherche à quantifier la gêne apportée à la compréhension de la parole.

— *L'indice d'articulation* (AI) se détermine à partir des niveaux respectifs de la parole et du bruit, analysés par bandes de tiers d'octave dans *la zone conversationnelle* (entre 200 et 5 000 Hz).

La différence, dans chaque bande, entre niveau de parole et niveau de bruit, est pondérée pour tenir compte de la contribution à l'intelligibilité de chacune des bandes de la parole (la plus forte contribution est située entre 1 000 et 4 000 Hz). La somme de ces différences pondérées constitue l'indice AI qui peut varier entre 0 et 1 selon l'émergence de la parole au-dessus du bruit. A partir de 0,3 la communication est jugée acceptable ; au-dessus de 0,5 elle est bonne et excellente au-delà de 0,7.

— *Le niveau perturbateur de l'intelligibilité (SIL4).* — L'abrévation SIL est utilisée pour *speech interference level* (niveau d'interférence avec la parole). Puisque la compréhension de la parole dépend surtout des fréquences moyennes, une norme internationale préconise de faire simplement la moyenne arithmétique des niveaux du bruit en décibels dans les 4 bandes d'octaves centrées respectivement à 500, 1 000, 2 000 et 4 000 Hz. On obtient ainsi l'indice SIL4.

Une documentation AFNOR (NF S31-047) précise les distances entre interlocuteurs pour lesquelles l'intelligibilité reste satisfaisante, en fonction du SIL4. A partir d'un SIL4 de 70 dB, la conversation normale n'est plus satisfaisante, même de très près, au-dessus d'un SIL4 de 80 dB, la conversation à niveau de voix élevée ne l'est plus non plus.

b) *Niveau de bruit perçu ou bruyance.* — On a recherché des méthodes pour quantifier *la bruyance* et une échelle de bruyance a été proposée par Kryter. La bruyance d'une bande de bruit d'un octave centrée sur 1 000 Hz est choisie comme référence. Par comparaisons subjectives entre différentes bandes de bruit et cette bande de référence des *courbes d'égale bruyance* (courbes NR) ont été établies (fig. 29). Ce réseau de courbes diffère des courbes d'isosonie, il montre que les fréquences comprises entre 1 000 et 8 000 Hz contribuent plus à la bruyance que les fréquences basses. Les niveaux de ces courbes sont des *niveaux en PNdB* (*perceived noise decibels* : décibels de bruit perçu). Une échelle de grandeur subjective de la bruyance a aussi été inventée, l'unité en est *le Noy*. L'augmentation de la valeur en Noys en fonction du niveau de pression acoustique pour la bande de bruit de référence reproduit tout à fait la fonction de sonie à 1 000 Hz avec un doublement de la bruyance lorsque le niveau augmente de 10 dB. Une approximation des PNdB a été introduite dans certains sonomètres par un réseau de pondération reproduisant la courbe 40 Noys. Cette courbe est appelée *courbe D* (voir fig. 22).

Pour obtenir la « certification acoustique », par convention internationale, les bruits d'avions sont soumis à des mesures en PNdB corrigées de façon à tenir compte de la présence de fréquences pures dans

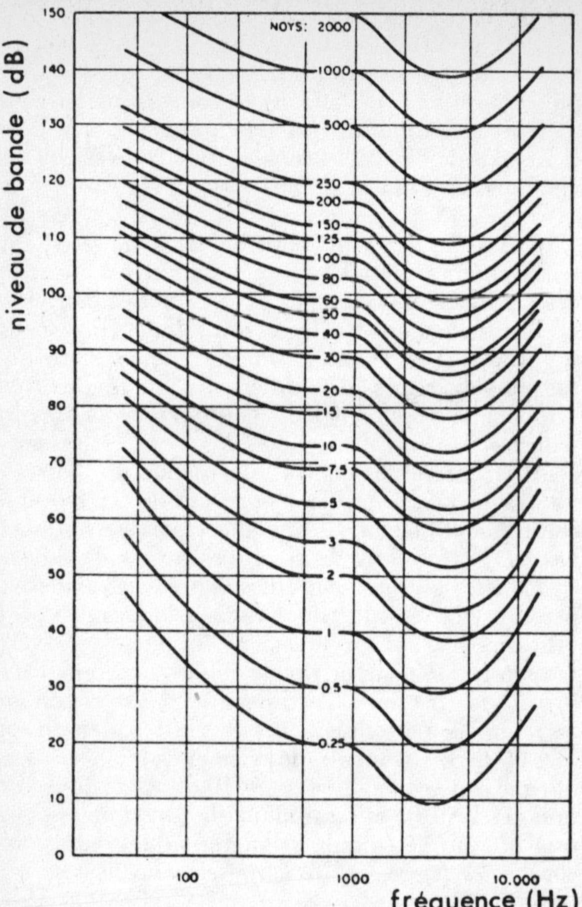

Fig. 29. — Courbes d'égale bruyance. Sur chaque courbe, les sons ont un même niveau en Noys. Cette abaque permet le calcul des niveaux en PNdB (d'après Kryter, 1970, avec la permission de l'auteur et de *Academic Press*)

leur spectre. C'est en effet un facteur de gêne supplémentaire.

B) *Bruits fluctuants.* — a) *Le bruit dans les zones habitées et l'évaluation de la gêne de la population.*
— La norme AFNOR (NF S31-010) de 1974 « fixe une méthode pour apprécier si le bruit auquel est exposée la population gêne ses activités (travail, relations et communications sociales, etc.), son repos ou sa tranquillité ».

Cette méthode ne s'applique pas :
— à la gêne due au bruit associé au travail lui-même sur les lieux de travail ;
— aux effets du bruit aux alentours des aérodromes ;
— aux cas de gêne produite par des bruits impulsionnels isolés.

La méthode consiste en premier lieu à mesurer le niveau pondéré (A) en utilisant la caractéristique lente du sonomètre. On calcule ensuite le niveau équivalent L_{eq}. A partir du L_{eq}, on estime le « *niveau acoustique d'évaluation* » en prenant en compte éventuellement le caractère *impulsionnel* du bruit ainsi que la présence de sons à *tonalité marquée* (sifflement par exemple). Dans ces deux cas une correction de niveau qui dépend de la *durée de la perturbation* viendra s'ajouter au L_{eq}.

Le niveau acoustique d'évaluation est ensuite comparé au niveau de bruit ambiant considéré comme acceptable. Cette comparaison permettra l'évaluation de la gêne que la population est susceptible de subir en raison du bruit.

Le niveau de bruit ambiant acceptable à l'extérieur des habitations est de 35 à 45 dB(A). Ce niveau doit être diminué de 10 dB la nuit. Ceci est une valeur de base.

Selon les zones où se trouvent les habitations des niveaux limites différents sont recommandés (niveaux de jour) :

Type de zone	*Niveau acceptable de jour*
Résidentielle rurale, hôpitaux, détente	35-45 dB
Résidentielle suburbaine, faible circulation	40-50 dB
Résidentielle urbaine	45-55 dB
Résidentielle avec quelques ateliers, centres d'affaires ou routes à grande circulation	50-60 dB
Zone à prédominance d'activités commerciales et industrielles	55-65 dB
Zone à prédominance industrielle (industrie lourde)	60-70 dB

Il y a potentialité de gêne lorsque l'une des conditions suivantes apparaît :

— le niveau limite de bruit ambiant (tableau ci-dessus) est dépassé ;

— le niveau acoustique d'évaluation subit une augmentation notable en raison de bruits qui dépassent le niveau de bruit ambiant antérieur, ou le niveau de bruit de fond.

Pour déterminer les remèdes à apporter à la gêne, on peut utiliser les courbes NR (fig. 29) en ayant procédé auparavant à une analyse spectrale du bruit par bandes d'octave. En comparant le spectre du bruit aux courbes NR, on voit immédiatement quelles fréquences il faut s'efforcer d'atténuer pour diminuer la gêne.

b) *Législation pour la protection de l'environnement.* — La limite retenue par la circulaire de 1976 pour le niveau de bruit ambiant acceptable à l'extérieur est de 45 dB(A) de jour, pour les zones les plus calmes. De même, pour les autres types de zones, ce sont les valeurs supérieures de la norme AFNOR (tableau ci-dessus) dont le respect est imposé.

Pour l'intérieur des locaux, la limite est de 35 dB(A) de jour (7 h à 20 h) et 30 dB(A) de nuit (22 h à 6 h) ainsi qu'en période intermédiaire (6 h à 7 h et 20 h à 22 h).

On considère que l'augmentation due à l'émergence d'un bruit est significative lorsqu'elle entraîne une augmentation de 3 dB(A) du niveau acoustique d'évaluation.

Pour les *constructions nouvelles*, les études prévisionnelles d'environnement sonore doivent permettre de réaliser ces instructions. Le décret du 7 juillet 1977 relatif aux règles d'urbanisme stipule que « le permis de construire peut être refusé ou n'être accordé que sous réserve de prescriptions spéciales si des constructions sont susceptibles en raison de leur localisation d'être exposées à des nuisances graves dues notamment au bruit ».

Les *bâtiments construits après juillet 1970* sont tenus d'être protégés du bruit. Selon la loi du 14 juin 1969 les limites du bruit transmis dans un logement ne doivent pas dépasser 35 dB(A) (38 dB (A) dans les cuisines) pour les bruits aériens (voix) et 30 dB(A) (35 dB(A) dans les cuisines) pour les bruits d'ascenseurs, chaufferie, vide-ordures. En ce qui concerne les bruits d'impact sur le plancher, l'atténuation doit être égale à 70 dB au moins.

Pour *les bâtiments antérieurs à 1970*, on admet 35 à 40 dB(A) dans les chambres et le séjour. Pour les établissements anciens, lorsqu'il sera impossible d'obtenir une réduction des bruits à un niveau acceptable, « la suppression de l'installation incriminée » pourra être envisagée.

Toutes ces réglementations ne concernent que les

locaux d'habitation. On est frappé de l'absence de législation, à l'heure actuelle, envers le niveau de bruit *à l'intérieur des écoles, ou des hôpitaux.*

En ce qui concerne les bruits émis dans les habitations et la gêne causées aux voisins, ils sont réglementés dans un article du *Règlement sanitaire* que tout préfet est tenu de prendre dans son département. Le Règlement sanitaire de Paris de 1980 est particulièrement strict à ce sujet : « Dans les propriétés, les locaux d'habitation, leurs parties communes et leurs dépendances, toutes précautions doivent être prises pour ne troubler ni les occupants ni le voisinage, par des bruits tels que ceux provenant de l'usage d'instruments de musique, d'appareils sanitaires, de moteurs ainsi que ceux résultant du port de chaussures à semelles dures ou de la pratique d'activités ou de jeux non adaptés à ces lieux. Aucun bruit ne doit être audible du voisinage entre 22 heures et 7 heures. »

c) *La gêne due à la circulation routière.* — En cas d'environnement sonore très variable au cours du temps, il est nécessaire de connaître les durées respectives d'exposition des personnes aux différents niveaux de bruit. On choisit en général de mesurer les niveaux instantanés successifs en dB(A). Il est ensuite possible au moyen d'un enregistreur graphique ou d'un compteur de dépassement de seuils, de déterminer les niveaux dépassés pendant un pourcentage donné du temps (fig. 30). Des *indices statistiques* très utiles en sont déduits, ce sont :

L_1 = niveau dépassé pendant 1 % du temps, il représente les pointes de bruit ;
L_{10} = niveau dépassé pendant 10 % du temps, il indique aussi les niveaux qui émergent ;
L_{50} = niveau dépassé pendant 50 % du temps ;
L_{90} = niveau dépassé pendant 90 % du temps, il indique la valeur du bruit de fond.

Le L_{eq} permet de caractériser le niveau moyen du bruit sur une période donnée, tandis que ces indices permettent de savoir, en plus, comment fluctuent les niveaux. Un même L_{eq} peut en effet être obtenu avec des variations rapides ou lentes, avec ou sans pointes de bruit.

Les valeurs de L_1 et L_{10} ne sont vraiment représentatives que pour des durées d'enregistrement assez longues, au moins 15 minutes pour L_1.

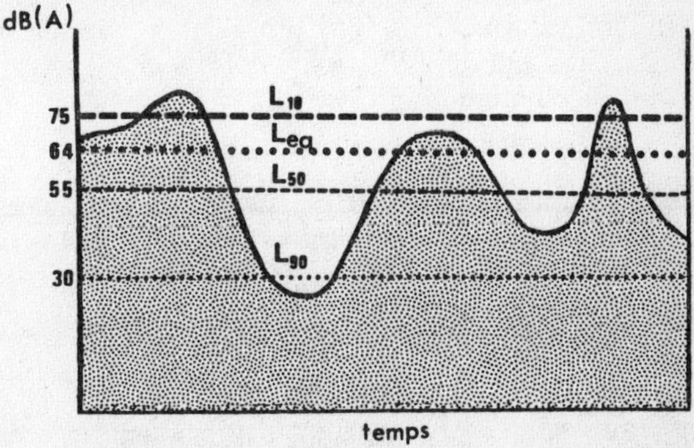

Fig. 30. — Variations du niveau d'un bruit au cours du temps et indices statistiques de niveaux de bruit ;

L_{10} : niveau dépassé 10 % du temps ; L_{50} : niveau dépassé 50 % du temps ; L_{90} : niveau dépassé 90 % du temps ; L_{eq} : niveau continu équivalent (d'après *Le bruit et la ville,* 1978, avec l'autorisation du CETUR)

Les résultats de telles mesures doivent toujours être accompagnés de l'horaire d'observation et de sa durée. Les périodes les plus utilisées pour caractériser un environnement sonore sont les L_{eq} de 8 h à 20 h, pour la journée, de 20 à 22 ou 23 h pour la soirée et de 0 à 6 h pour la nuit. Le niveau L_1 de 23 h à 6 h ou 7 h représente assez bien les pointes de bruit de circulation nocturne.

En fait, les indices statistiques ne sont pas parfaits, en particulier ils ne tiennent pas compte du rythme des alternances entre bruit fort et bruit moins fort.

Or, la grandeur des variations de niveaux combinée à l'intermittence de chaque niveau joue probablement un rôle déterminant dans la gêne provoquée par les bruits fluctuants.

A partir des indices statistiques, le calcul d'un *indice de mesure de la gêne provoquée par la circulation routière* a été proposé en Grande-Bretagne ; il s'agit du TNI (*traffic noise index* : indice du bruit de circulation) :

$$TNI = 4(L_{10} - L_{90}) + L_{90} - 30.$$

Cet indice est basé sur le fait que la gêne croît à mesure que l'écart entre les niveaux extrêmes (L_{10} et L_{90}) augmente. L_{10} et L_{90} sont déterminés d'après des enregistrements durant 24 heures.

L'indice TNI semble assez bien adapté à la prévision des troubles du sommeil pour lesquels il est probable que ce sont les crêtes qui ont l'action la plus forte. D'une façon générale, il convient plutôt à l'évaluation de la gêne causée par des trafics faibles. Pour des trafics assez denses, on admet que la gêne est assez bien caractérisée par le niveau continu équivalent, le L_{eq}.

La législation protégeant les habitations contre le bruit de la circulation routière ne date que de 1978 et ne concerne que les abords *de voies nouvelles. La limite acceptable du bruit y est fixée à 65 dB(A)*. Il s'agit du L_{eq} de jour (8 h-20 h) mesurée à 2 m en avant de la façade des immeubles. Le rattrapage des nombreux problèmes existants est coûteux et lent ; il dépend largement des initiatives du public concerné ; ainsi, les riverains du périphérique parisien ont obtenu un plan de rattrapage des « points noirs » culminant à plus de 70 dB(A).

La législation, de plus, impose des limites aux bruits émis par les différents types de véhicules.

L'arrêté du 25 septembre 1977 s'applique depuis avril 1980 pour le *contrôle de réception par type de véhicules* et il ne s'applique qu'aux véhicules mis en circulation après le 1er octobre 1982 pour le *contrôle des véhicules isolés en circulation.* Les niveaux sonores maximaux autorisés sont de 80 dB(A) pour les voitures particulières et de 88 dB(A) pour les poids lourds.

Pour la plupart des véhicules circulant actuellement, les maires sont habilités à faire respecter les limites de 91 dB(A) pour les poids lourds, 84 dB(A) pour les motocyclettes, 82 dB(A) pour les voitures particulières et 73 dB(A) pour les cyclomoteurs. Les conditions de mesures recommandées sont précisées dans les documentations AFNOR NF S31-007 et NF S31-058. Ces limites sont à l'évidence souvent dépassées par les poids lourds et les cyclomoteurs et il semble très difficile de faire respecter la réglementation.

d) *La gêne due au trafic aérien.* — Dans les zones survolées par des avions, la gêne provient de périodes de bruit intermittentes assez espacées (3 à 5 minutes près d'un aéroport au maximum de son trafic).

La zone perturbée est d'autant plus grande que l'avion s'élève, elle est beaucoup plus longue que large et varie selon les types d'appareils, elle atteint 350 km^2 pour un boeing 707. Depuis 1970 des *normes* dites de *certification* sont imposées aux avions. Ce sont les valeurs limites de gêne admises. Ces valeurs permettent de prévoir les niveaux sonores au voisinage d'un aéroport en fonction de la direction des pistes et de l'importance du trafic. On évite par exemple le nord au décollage d'Orly, et le sud au décollage de Roissy, à cause de la présence de Paris.

Pour mesurer les bruits de survol, des enregistreurs

magnétiques sont placés en différents points des zones à explorer ; ils sont commandés par un poste central. Les enregistrements de bruit se font selon une analyse par bandes de tiers d'octave.

Les normes de certification, internationales, sont exprimées en *EPNdB* (*effective perceived noise decibels* : décibels effectifs de bruit perçu). Le calcul du *niveau EPN* se fait à partir du niveau en PNdB (voir ci-dessus). Le calcul du niveau en PNdB se fait à partir des niveaux par bandes de tiers d'octave mesurés généralement toutes les 0,5 secondes ; ces niveaux sont pondérés et leur somme est convertie en PNdB au moyen d'un tableau standardisé. Pour estimer la bruyance des survols d'avion, le niveau en PNdB est ensuite corrigé pour tenir compte du surcroît de gêne dû au contenu tonal du bruit (on calcule alors des *niveaux TPN*, pour *tone-corrected perceived noise* : bruit perçu après correction tonale). Pour prendre en compte la durée du survol, on intègre les niveaux TPN pendant la durée nécessaire (10 secondes par exemple). On aboutit ainsi finalement à un indice très sophistiqué : le niveau en EPNdB pour caractériser *la gêne due à un survol isolé.*

A partir des valeurs de gêne dues à chaque survol on peut estimer la gêne due à l'environnement sonore dans les zones qui entourent l'aéroport. Il suffit d'additionner les valeurs des indices ci-dessus obtenues pendant les périodes de jour et de nuit, par exemple. Le Règlement de l'Aéroport de Paris définit quatre zones en fonction des résultats de ces mesures. Chaque zone est caractérisée par son indice psophique (I_e). Cet indice est obtenu par la sommation des niveaux de gêne maximaux observés à chaque survol (niveaux TPN), en majorant chacun d'eux de 10 dB pour les survols nocturnes (22 h - 6 h). Les *courbes isopsophiques* délimitent ainsi :

— la zone A, où I_e est supérieur à 96 ; il s'agit d'une zone très bruyante (le terrain de l'aéroport) ;
— la zone B, où I_e est compris entre 89 et 96 ; dans cette zone, l'insonorisation est nécessaire ;
— la zone C, où I_e est compris entre 84 et 89, est encore bruyante ;
— la zone D, où I_e est inférieur à 84, est assez peu bruyante pour être utilisée sans restrictions.

Dans les zones A et B les constructions nouvelles à usage d'habitation sont interdites. Dans la zone C, seules des constructions individuelles peuvent être admises dans des conditions très restrictives. En 1973, une *taxe parafiscale* a été instituée en vue d'atténuer les nuisances subies par les riverains des aérodromes d'Orly et de Roissy-en-France. Cette taxe, payée par les compagnies d'aviation, est proportionnelle au nombre de passagers. Elle sert essentiellement à financer, d'une part, l'insonorisation des bâtiments d'enseignement et de soins et, à titre exceptionnel, celle d'autres immeubles ; d'autre part, des études et des équipements aéroportuaires destinés à diminuer les nuisances, peuvent également être financés par elle.

Le *Comité de Défense des Riverains d'Orly* a obtenu le « couvre-feu » : de 23 h à 6 h du matin, les avions ne décollent pas et n'atterrissent pas à Orly, sauf dérogations pour des raisons de sécurité. C'est ce comité qui a obtenu l'institution de la taxe parafiscale.

On est frappé, d'une part, de la diversité des indices de la gêne de leur sophistication quelquefois, et, d'autre part, du recours, dans la plupart des cas, à des mesures du bruit en pondération (A) que le but soit de caractériser la sonie, la gêne, les effets auditifs ou extra-auditifs du bruit. Les développements futurs des recherches en acoustique, médecine et physiologie, psychologie expérimentale et sociale devraient permettre de dépasser les ambiguïtés et les contradictions de la situation actuelle. Le besoin d'améliorer la normalisation et la législation devrait susciter des recherches scientifiques appliquées à ces domaines particuliers. Par ailleurs, dans les comités d'experts qui élaborent les normes et les lois, il faudrait veiller à ce que l'avis des responsables d'industrie soit équilibré par celui des usagers des produits, ou des personnes subissant les contraintes du bruit, en particulier les travailleurs en milieu bruyant.

CHAPITRE IV

LA RÉDUCTION DES BRUITS

Pour rester dans les limites de cet ouvrage, ce chapitre donnera seulement un aperçu des possibilités de réduction des effets des bruits par des interventions visant soit l'*émission* à la source, soit la *propagation*, soit enfin la *réception* par l'auditeur. Les exemples concerneront trois sortes de lieux d'intervention : le bâtiment et les lieux d'habitation, les ateliers et les machines, la route et la circulation automobile. Ils sont principalement tirés des ouvrages récents de M. Meisser (1978), de W. M. Schuller et coll. (1981), du « Dossier Bruit » de la revue *Travail et Sécurité* (1980) et du *Guide des bruits des transports terrestres* (1980) du ministère de l'Environnement et du ministère des Transports.

I. — Contrôle des bruits dans le bâtiment

Le bruit utilise trois chemins différents pour atteindre un auditeur placé dans une pièce :

— *l'air des ouvertures* existant dans la pièce : portes, fenêtres, tuyaux d'aération ; c'est *le bruit aérien ;*

— *les structures solides* du bâtiment : murs, cloisons, tuyauteries, plafonds, plancher ; ce bruit, conduit dans des milieux solides, est *rayonné* dans le milieu aérien des pièces ; c'est par ce chemin qu'arrive le bruit dû aux vibrations des machines ;

— le bruit peut enfin, étant parvenu dans le milieu aérien d'une pièce, faire vibrer les cloisons (effet de tambour, ou de diaphragme) et se transmettre ainsi aux pièces voisines.

1. **Isolation contre les bruits aériens.** — Les parois n'isolent que partiellement l'air des pièces des bruits venant de l'air extérieur, car elles sont elles-mêmes le siège de vibrations sous l'effet du bruit. Cette transmission dépend de l'énergie acoustique qui frappe la paroi et de la nature de la paroi qui détermine son *facteur de transmission.* On mesure l'aptitude d'une paroi à isoler un milieu d'émission d'un milieu de réception par son *indice d'affaiblissement acoustique* (R) qui s'exprime en décibels. Une paroi ayant un indice d'affaiblissement donné transmet deux fois plus d'énergie acoustique si on double sa surface.

Le niveau sonore d'une pièce dépend encore de façon importante de la nature plus ou moins *réverbérante* de ses murs, plancher et plafond. Si les parois sont dures et lisses, l'énergie transmise dans la pièce reste plus longtemps que dans le cas de parois très absorbantes.

Pour déterminer le degré d'isolation aux bruits aériens existant entre deux pièces, on mesure le niveau sonore L1 dans la pièce d'émission (dans laquelle on a placé une source de bruit) et le niveau sonore L2 dans la pièce de réception. La différence L1 — L2 est appelée *isolement acoustique brut.* Cette valeur peut être transformée en *isolement acoustique normalisé,* valeur qui indique ce que serait l'isolement d'une paroi donnée pour un local ayant une durée de réverbération de 0,5 s. On peut également, en laboratoire, mesurer l'*indice d'affaiblissement acoustique* d'une paroi, en séparant salle de réception et salle d'émission par un joint de dilatation pour éliminer toute influence autre que celle de la paroi, en particulier les transmissions indirectes par les parois latérales.

Les différents types de parois rencontrés sont : les *parois simples homogènes* composées d'un même matériau (mur de béton de 15 cm, par exemple), les *parois simples hétérogènes* composées d'une juxtaposition de plusieurs matériaux (par exemple, enduit de plâtre de 2 cm, 10 cm de béton et enduit de plâtre de 2 cm) ; les *parois multiples* sont également composées de plusieurs éléments différents mais désolidarisés les uns des autres. On distingue aussi les parois *continues* qui ont la même composition sur toute leur surface et les parois *discontinues* (par exemple : mur de béton avec une porte de bois).

A) *Parois simples.* — Le niveau sonore du bruit rayonné est d'autant plus faible que la paroi est plus lourde. L'indice d'affaiblissement acoustique moyen augmente de 4 dB quand la masse est multipliée par 2. C'est *la loi de masse.*

Le niveau sonore rayonné est d'autant plus faible que la fréquence du bruit incident est plus élevée, pour une paroi de masse donnée. L'indice d'affaiblissement augmente de 4 dB quand la fréquence est doublée. C'est *la loi de fréquence.*

Un bruit est donc d'autant plus atténué par une paroi que sa fréquence est élevée et que la paroi est lourde.

Dans la pratique, une paroi est atteinte par une infinité d'ondes planes qui peuvent avoir tous les angles d'incidence possibles. On observe que pour toutes les fréquences supérieures à une certaine fréquence, appelée *fréquence critique*, il y a une diminution d'isolation par rapport à ce que prévoit la loi de masse. La fréquence critique dépend de la rigidité de la paroi et de sa masse ; elle est basse pour une paroi très rigide à faibles pertes internes. La chute de l'isolation est la plus forte lorsque la fréquence du son est égale à la fréquence critique. Pour une épaisseur de 1 cm, la fréquence critique du caoutchouc est 85 000 Hz, celle du plomb, 8 000 Hz, celle du bois, supérieure à 5 000 Hz, varie beaucoup selon les essences ; celle des briques pleines varie de 2 500 à 5 000 Hz selon leur structure ; celle du plâtre est 4 000 Hz ; celle du béton, 1 800 Hz et celle du verre, 1 200 Hz.

Il faut donc, autant que possible, choisir pour les constructions les matériaux et leur épaisseur de manière que la fréquence critique soit très basse ou très élevée. Ainsi, dans les fréquences moyennes auxquelles la sensibilité de l'oreille est maximale, il n'y a pas de chute d'isolation due à la fréquence critique.

Une paroi de 9 cm de béton ou de 12,5 cm de briques pleines procure, par exemple, un isolement de l'ordre de 45 dB dans les fréquences moyennes. Les cloisons en carreaux de plâtre donnent des isolements de 35 à 40 dB, mais elles présentent un défaut d'isolation entre 600 et 800 Hz.

De plus, pour les parois de dimensions finies, il se produit des phénomènes de *résonance* à des fréquences qui dépendent des dimensions des parois ; elles sont d'autant plus graves que les dimensions sont grandes. Ainsi pour les surfaces supérieures à 10 m^2 elles sont inférieures à 100 Hz mais pour les vitres des fenêtres dont les dimensions sont plus petites, il y a une chute d'isolation généralement vers 100 à 150 Hz due à une résonance de la vitre ; elle vient s'ajouter à la chute d'isolation due à la fréquence critique (vers 1 200 Hz).

B) *Parois multiples.* — Pour obtenir des indices d'affaiblissement très importants, nécessaires en cas de bruit extérieur élevé, il est possible d'utiliser des parois simples très lourdes (loi de masse) mais on peut, en utilisant des parois multiples, atteindre des isolations supérieures à celles prédites par la loi de masse.

Les parois multiples sont composées de plusieurs panneaux séparés par de l'air ou par des matériaux élastiques. *Les parois doubles* sont constituées de deux parois simples (panneaux) séparées par un espace rempli ou non d'un matériau absorbant.

a) *Espace entre les deux panneaux rempli d'air.* — On a intérêt à employer deux panneaux dont les fréquences critiques sont différentes. Ainsi chacun des panneaux diminue le défaut d'isolation de l'autre au lieu de lui ajouter le sien. Il faut donc deux matériaux de masse et de rigidité différentes.

La couche d'air, entre les deux panneaux, assure une liaison élastique entre eux, un peu comme un ressort. La présence de cette couche élastique entraîne pour la paroi double, l'existence d'une *fréquence de résonance.* Celle-ci est d'autant plus basse que l'épaisseur de la couche d'air est grande et que les panneaux sont lourds. La double paroi entre donc en résonance pour les sons qui ont cette fréquence et il y a, pour cette fréquence, une chute d'isolation.

Pour les sons qui ont une fréquence inférieure à la fréquence de résonance, l'indice d'affaiblissement d'une paroi double est à peu près le même que celui d'une paroi simple de même masse mais, pour les sons de fréquence supérieure à la fréquence de résonance, l'indice est meilleur qu'il ne le serait pour une simple paroi de même masse.

C'est pourquoi on recherche une résonance faible (vers 80 Hz en général) ; on fait ainsi jouer l'avantage de la double paroi en plaçant le défaut d'isolation dû à la résonance du côté des fréquences basses auxquelles l'oreille est moins sensible. Pour obtenir cela, la distance entre des panneaux assez lourds peut être faible, mais lorsque les panneaux sont légers il faut augmenter la distance.

Cependant, les ondes sonores en propagation dans la couche d'air, par suite de réflexions sur les deux panneaux, peuvent engendrer des *ondes stationnaires*, ce qui entraîne une autre forme de résonance des doubles parois, nouveau défaut d'isolation. Cette fréquence de résonance est inversement proportionnelle à la distance entre les panneaux. Pour les distances habituelles, ces résonances sont généralement situées vers les fréquences aiguës. Pour éviter que leur effet soit sensible, surtout si elles risquent de coïncider avec les fréquences gênantes du bruit à atténuer, on ne doit donc pas augmenter trop l'épaisseur de la couche d'air. On cherche à rejeter cette résonance vers les fréquences supérieures à 4 000 Hz, auxquelles l'oreille est moins sensible.

Si l'on place un matériau absorbant entre les panneaux, on atténue considérablement le défaut d'isolation aux fréquences de résonance de la couche d'air. Pour les vitrages cela est impossible, mais on peut cependant obtenir une amélioration en plaçant les matériaux absorbants intercalaires à la périphérie seulement, entre les deux vitrages.

b) *Espace entre les panneaux rempli de matériaux absorbants.* — L'emploi de matériaux absorbants intermédiaires entre les panneaux a un triple avantage :

— le couplage entre les 2 panneaux est modifié par la présence du matériau absorbant ; l'ensemble est moins élastique et la fréquence de résonance de l'ensemble est plus élevée ;
— le matériau intermédiaire absorbe une partie de

l'énergie acoustique, il diminue la chute d'isolation due aux fréquences critiques des panneaux ;
— il supprime les fréquences de résonance de la couche d'air.

Pour les parois doubles, l'indice d'affaiblissement augmente non plus de 4 dB en moyenne par octave comme pour les parois simples, mais de 6 à 8 dB. L'augmentation d'isolation moyenne est fonction de l'épaisseur de l'intervalle et de la nature du remplissage, elle varie de 4 à 9 dB. Quant aux parois comportant trois panneaux séparés les uns des autres, leur indice d'affaiblissement augmente d'environ 10 dB par octave et l'augmentation de l'indice d'affaiblissement moyen est à peu près de 5 dB par rapport à celui d'une paroi double. On remarque sur la figure 31 que, pour les fréquences graves, l'isolation n'est pas améliorée par l'augmentation du nombre de panneaux.

Une précaution importante, dans le montage de panneaux multiples, est d'*éviter les liaisons rigides entre les panneaux* (boulons et vis, passage de canalisations, coulures de mortier, par exemple). Lorsqu'il y a des liaisons rigides, les vibrations du premier panneau sont transmises au suivant sans passer par l'air ou le matériau absorbant, donc sans atténuation notable. On dit qu'il existe un « pont acoustique ». Si les liaisons sont nombreuses, tout se passe comme si la paroi était simple et possédait deux fréquences critiques au lieu d'une dans le cas de paroi double à panneaux de composition différente. Les matériaux absorbants seront donc collés et non cloués.

L'avantage de doubler une paroi entre deux pièces peut être annulé lorsque *les parois latérales* sont communes aux deux pièces. Les *transmissions indirectes*, par les parois latérales, sont très importantes

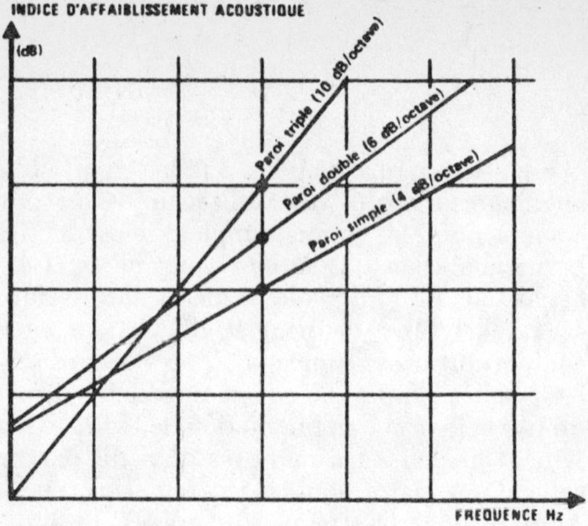

Fig. 31. — Indices d'affaiblissement en fonction de la fréquence respectivement pour les parois simples, doubles et triples (d'après M. Meisser, 1978, avec l'autorisation de l'auteur et des éditions Eyrolles)

surtout si la paroi double est légère. L'isolement n'est pas beaucoup plus fort que si la paroi de séparation était simple et de même masse que la paroi double. Lorsque les deux pièces sont séparées par un *joint de dilatation*, les panneaux de la paroi double étant situé de part et d'autre de celui-ci, la paroi double est pleinement efficace.

Lorsqu'on veut renforcer l'isolement acoustique entre deux locaux, il faut d'abord connaître la nature des parois existantes. Si les parois latérales sont minces et la paroi de séparation lourde, les transmissions indirectes par les parois latérales sont plus importantes que la transmission directe par la paroi de séparation. Il est dans ce cas inutile de renforcer la paroi de séparation. Il faut soit renforcer les parois latérales (injection de mousse plastique entre mur extérieur et cloison de doublage, par exemple), soit doubler toutes les parois par une sorte de boîte (carreaux de plâtre, par exemple) désolidarisée des parois existantes et séparée d'elles par un matériau absorbant.

Lorsque la paroi de séparation présente des points faibles (canalisations, conduits de ventilation, etc.), on cherchera à les améliorer avant de renforcer la paroi. Par exemple, en injectant un produit souple autour du fourreau métallique des canalisations, on l'isolera du plancher.

Lorsque la paroi elle-même est défectueuse, on peut construire une paroi de doublage, en veillant à ce

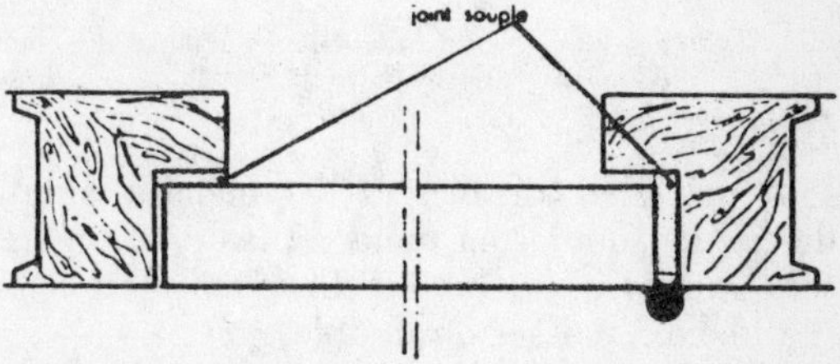

Fig. 32. — Schéma d'installation de joints souples pour les portes (même référence que la fig. 31)

qu'elle ne soit pas solidaire de la première (collage d'un feutre sur l'une et l'autre paroi, tasseaux flottants).

Les points faibles des parois, qui sont généralement *les portes et les fenêtres*, sont d'autant plus néfastes que celles-ci sont mal ajustées. Il faut que les feuillures des portes soient suffisamment larges et que les portes soient bien ajustées. En plaçant un *joint souple* en fond de feuillure, et un *seuil rapporté* au bas de la porte (fig. 32 et 33), on améliore l'étanchéité au bruit. En ce qui concerne les fenêtres, leur indice d'affaiblissement est déterminant car de lui dépendent l'indice d'affaiblissement de la façade et l'isolation par rapport au bruit extérieur. Il est essentiel, lorsqu'on veut améliorer l'isolation des fenêtres, de vérifier *les joints* de châssis. Tant que les fenêtres ne

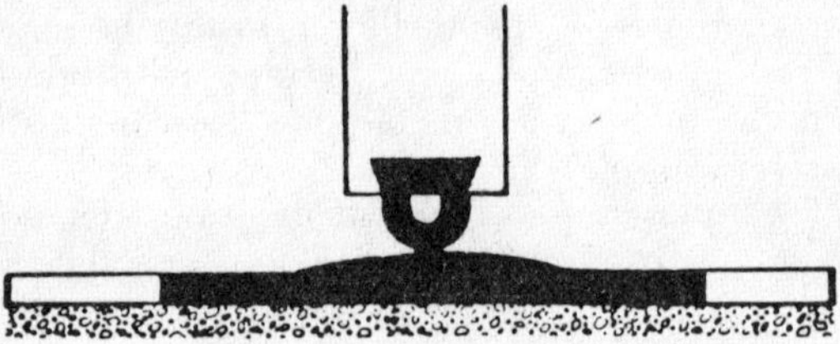

Fig. 33. — Schéma d'installation d'un seuil rapporté en bas de porte (même référence que la fig. 31)

sont pas bien ajustées et l'étanchéité complétée par des joints souples en mousse plastique ou en métal, il sera inutile d'espérer améliorer l'isolation en posant des glaces épaisses ou doubles.

Le *vitrage épais* a un indice d'affaiblissement moyen inférieur à celui du *vitrage double*. Cependant, dans les fréquences graves, qui sont dominantes dans les bruits de circulation, le vitrage épais atténue plus que le double vitrage.

2. — **Isolation des bruits d'impact et des bruits d'équipement.** — A) *Bruits d'impact.* — Dans un immeuble, les bruits d'impact (coups de marteau, bruits de pas, de chute d'objets) peuvent gêner à une distance beaucoup plus grande que les bruits aériens (voix, musique, télévision) car l'énergie vibratoire est

communiquée très rapidement à toutes les parois qui sont liées rigidement avec la paroi initialement heurtée.

Les bruits d'impact sont dus au choc d'un objet sur une paroi. Une quantité importante d'énergie est communiquée directement à la paroi, celle-ci entre en vibration et *rayonne* un bruit. La masse de la paroi est sans grande influence sur ce type de bruit. On utilise donc principalement *les revêtements de surface* pour affaiblir le bruit ainsi rayonné par les parois. Ce sont les revêtements de sol *textiles* (tapis, moquettes) qui procurent les meilleures isolations, surtout si l'on évite de les coller ou qu'on utilise une colle qui ne durcit pas le revêtement en séchant.

Pour lutter contre les bruits d'impact dans les immeubles, on peut revêtir le plancher d'un matériau élastique et souple. Mais, dans les pièces dont le sol est obligatoirement dur (carrelage ou dalle plastique des cuisines et salles de bain), on peut réaliser une « *dalle flottante* » ; le revêtement est alors collé sur une dalle rigide qui repose elle-même sur un *matelas résilient.* Cette dernière couche est composée par un matériau mauvais conducteur des vibrations mécaniques qui réalise donc une sorte de blocage placé sur le parcours des ondes de vibrations.

Une dalle flottante comprend, par exemple, une dalle de béton armé de 4 cm d'épaisseur coulée sur un matelas de laine minérale (ou de fibre de bois, ou de liège ou de matière plastique expansée) d'une épaisseur de 0,5 à 2 cm. L'affaiblissement obtenu croît avec la fréquence. L'efficacité dans les fréquences graves augmente à mesure qu'on accroît l'épaisseur de la sous-couche. Toute liaison rigide entre la dalle flottante et le plancher support compromet l'efficacité du système.

B) *Bruits de plomberie.* — Installations d'eau, chauffage, ventilation, ascenseurs, vide-ordures, air conditionné sont les principaux équipements qui sont susceptibles d'être la source de bruits gênants. Les plus importants sont les bruits de plomberie et de chauffage. Nous nous limiterons à résumer les problèmes posés par les bruits de plomberie.

a) *Alimentation en eau.* — Les principales sources de bruit sont les robinets ainsi que les surpresseurs nécessaires pour alimenter en eau les étages élevés.

1) *Robinets.* — La vitesse de l'eau est très élevée dans un robinet, elle rend l'écoulement turbulent et crée des vibrations qui sont transmises à la fois à la colonne d'eau et à la paroi du tuyau.

Pour réduire les bruits ainsi engendrés le robinet doit avoir un *profil interne exempt d'angles et de coudes aigus.*

Il faut utiliser des robinets à *ouverture et fermeture progressives* et non brutales pour éviter un brusque arrêt de la colonne d'eau. Il se produit en effet dans ce cas un « coup de bélier », brusque augmentation de pression qui se propage sous forme d'une onde de choc.

On peut réduire le niveau émis par des *brise-jets,* en particulier du type aérateur, et par des *manchons souples* entre le robinet et la canalisation.

2) *Canalisations.* — Une tuyauterie en vibration perturbe facilement un grand nombre de logements.

Il faut rendre difficile la propagation des vibrations à la tuyauterie. Le manchon entre robinet et canalisation interrompt la propagation des vibrations dans le métal du tuyau mais la colonne d'eau continue à vibrer et retransmet sa vibration à la canalisation. Au bout de 6 m environ, un nouveau manchon souple est nécessaire.

Pour réduire le bruit aérien émis par les canalisations, on choisit le matériau qui les compose (cuivre gainé de plastique, par exemple). Enfin, les fixations classiques, en acier, doivent être séparées du tuyau métallique par un collier en matière plastique et un fourreau souple. La traversée des parois doit se faire également à l'intérieur d'un fourreau souple.

b) *Pompes et surpresseurs.* — Les moteurs, la pompe, les clapets sont des sources importantes de bruit et de vibrations. Il faut donc bien choisir le local où l'on place ces installations, les parois doivent l'isoler ; la pompe ou le moteur du compresseur d'air seront placés sur un *socle antivibratile* (bloc de béton posé sur un matériau élastique) et des manchons souples seront utilisés comme canalisations à l'entrée et à la sortie des pompes.

c) *Appareils sanitaires.* — Les différents appareils (lavabos, éviers, bidets, baignoires, w.-c.) peuvent être désolidarisés de l'ossature du bâtiment à l'aide de rondelles de caoutchouc pour poser les consoles de lavabos sur leur support, ou de dalles flottantes ou de plots antivibratiles pour les baignoires. Il faudrait aussi désolidariser ces appareils des parois verticales en interposant un matériau résilient.

II. — Contrôle des bruits en milieu industriel

Connaissant les différentes sources de bruit ainsi que les caractéristiques acoustiques pour un atelier donné (voir carte de bruit d'un atelier, fig. 6, chap. I), on peut élaborer un plan de réduction du bruit. Ce type de plan comporte généralement la *réduction du bruit à la source* et la *réduction de la transmission* du bruit ; si les résultats à ce stade demeurent insuffisants on envisagera la *protection individuelle* des personnels exposés. Toutefois la protection individuelle doit évidemment être réalisée d'emblée au cas où la cote de danger de 90 dB(A) serait atteinte, en attendant la mise en œuvre des moyens de réduction du bruit.

Avant d'implanter un local de travail, une *étude d'acoustique prévisionnelle* est un moyen très efficace de lutte contre le bruit.

1. **Réduction du bruit à la source.** — C'est l'action souvent la plus difficile à réaliser mais c'est aussi la meilleure parce qu'elle évite les contraintes de la protection individuelle pour les travailleurs. C'est également la solution la moins onéreuse dans de nombreux cas.

Il est parfois possible de remplacer une machine bruyante par une machine moderne moins bruyante. Quelquefois on peut intervenir sur la partie la plus bruyante de la machine en plaçant par exemple des silencieux sur les échappements, en renouvelant une pièce usée, en isolant la partie de la machine incriminée par un dispositif antivibratile.

2. **Encoffrement des sources bruyantes.** — L'encoffrement ou coffrage est particulièrement bien adapté aux machines automatiques dont l'accès n'est pas nécessaire de façon permanente, ni même fréquente. Certaines règles doivent obligatoirement être observées sous peine d'inefficacité :

— *les parois doivent avoir une masse suffisante,* d'autant plus que les fréquences à atténuer sont plus basses (loi de masse). On utilisera donc le ciment, les briques compactes pour les grands encoffrements, des tôles d'acier épaisses, du bois aggloméré, des feuilles de plomb et, surtout, on construira des *parois multiples* (par exemple laine de verre collée entre deux panneaux métalliques). Dans ce dernier cas, il est important d'*éviter les ponts acoustiques* entre les deux panneaux (fig. 34).

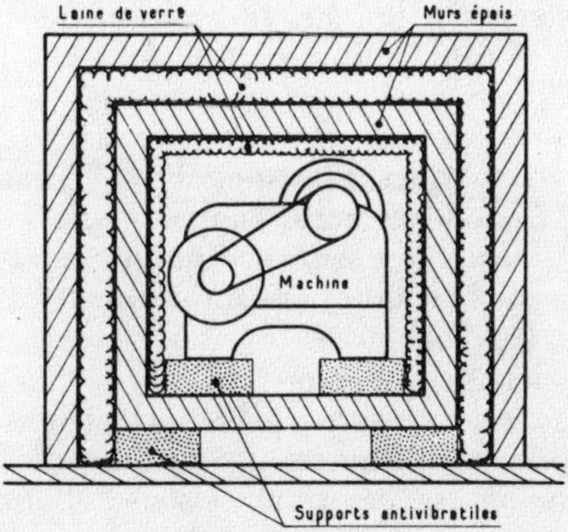

Fig. 34. — Schéma de coffrage d'une machine

— *le coffrage doit être désolidarisé de la machine* par des supports antivibratiles. Si cette règle n'est pas respectée, la machine transmet des vibrations aux parois qui se mettent à rayonner du bruit.

— *Une absorption du bruit produit à l'intérieur du coffrage* doit être réalisée car, à l'intérieur d'une enceinte, le niveau produit par une source est d'autant plus élevé que cette enceinte est réverbérante. On accolera donc des matériaux poreux à la surface interne du panneau intérieur de coffrage. Pour les très basses fréquences et pour les bruits à tonalité marquée on utilise des absorbeurs sélectifs.

— *Une bonne étanchéité est indispensable.* Des ouvertures sont en général nécessaires ; elles doivent être hermétiques, pourvues de joints souples. La ventilation éventuelle comportera des silencieux.

3. **Isolement antivibratile des machines.** — L'encoffrement empêche la transmission par voie aérienne ; il faut encore *réduire la transmission du bruit par voie solide* car les machines transmettent des vibrations à tous les matériaux sur lesquels elles reposent ou auxquels elles sont accrochées ou reliées : sol, planchers, fondations, supports, murs, plafonds. Toutes ces structures sont susceptibles de rayonner du bruit à partir des vibrations qui leurs sont communiquées par les machines.

L'isolement est obtenu en intercalant entre la machine et le sol ou les supports, eux-mêmes suffisamment rigides, des matériaux antivibratiles, c'est-à-dire des matériaux déformables sous l'effet des vibrations.

Il faudra évidemment tenir compte de la masse de la machine, de sa forme, des fréquences à supprimer.

Le matériau lui-même devra être épais, élastique, avoir un amortissement important, résister à l'écrasement, ne pas se détériorer avec le temps à la fois sous l'effet de la pression et de la corrosion (ou pouvoir se remplacer facilement) ; sa fréquence de résonance doit être nettement différente des fréquences que l'on ne veut pas transmettre, de 5 à 10 fois inférieure à la plus basse fréquence d'excitation, si possible.

On utilisera selon les cas :

— *des ressorts* accompagnés le plus souvent de *systèmes amortisseurs,* car les ressorts par eux-mêmes sont trop peu amortis ; on devra interposer des matériaux isolants, car les ressorts transmettent les sons ; on utilisera suivant les cas : des ressorts à lames (travaillant à la flexion), des ressorts hélicoïdaux (travaillant à la compression ou à la traction), des ressorts coniques (travaillant à la compression) ;

— *des plots antivibratiles* en liège, en caoutchouc mousse ou compact, naturel ou synthétique, solidaires de plaques rigides ; ces plots sont très amortis, et peuvent travailler à la compression, à la traction, à la flexion ou au cisaillement ;

— *des matelas résilients* (c'est-à-dire doués d'une bonne résistance au choc et absorbant l'énergie par déformation), en feutres divers (feutres asphaltés), laines minérales (laine de verre particulièrement), liège naturel, liège aggloméré, caoutchouc mousse ou compact.

L'isolement antivibratile des sources de bruit est une nécessité, non seulement vis-à-vis des personnes qui se trouvent au voisinage et même à distance (par suite de la transmission aux bâtiments), mais encore pour les bâtiments eux-mêmes et pour les machines. En effet, des vibrations prolongées et trop importantes peuvent lézarder les murs, entraîner des effondrements ; d'autre part, des parties de machine peuvent se dérégler sous l'effet des vibrations ou s'user rapidement (axes, paliers, rivets, boulons, etc.).

4. **Réduction du bruit par écrans.** — Lorsque l'isolation des sources de bruit ne peut être suffisante on peut obtenir une réduction un peu plus grande en interposant entre la source bruyante et l'opérateur *un écran acoustique* (voir fig 37, chap. IV), *un abri* (paroi verticale et paroi horizontale formant plafond) ou *une cabine.* Les panneaux doivent satisfaire aux lois de l'isolation acoustique (masse, revêtement absorbant du côté de l'opérateur). L'efficacité de l'écran dépend des caractéristiques acoustiques du local, elle est meilleure pour les fréquences aiguës et nécessite généralement un traitement acoustique du plafond.

5. **Réduction du bruit par diminution de la réverbération.** — Les réflexions sur les murs et les plafonds augmentent les bruits dans un local. La diminution de la *réverbération* consiste toujours en un revêtement du plafond au moyen d'un matériau poreux ainsi que des murs, ou d'une partie des murs. Connaissant le temps de réverbération, on peut calculer à partir de quelle distance de la source le champ acoustique est *diffus*, c'est-à-dire la distance à laquelle l'énergie acoustique parvenue par réflexions est prépondérante par rapport à l'énergie directe. Lorsque les personnes à protéger sont situées au-delà de cette distance, on peut effectivement entreprendre un traitement antiréverbérant, sinon un tel traitement est inutile. La réduction de la réverbération est en principe peu efficace lorsque les sources bruyantes sont nombreuses et réparties dans l'ensemble d'un local.

6. **Protection individuelle contre le bruit.** — Il est recommandé de *ne recourir à la protection individuelle qu'en dernier ressort*, lorsque, après épuisement de tous les moyens de lutte utilisés, le niveau

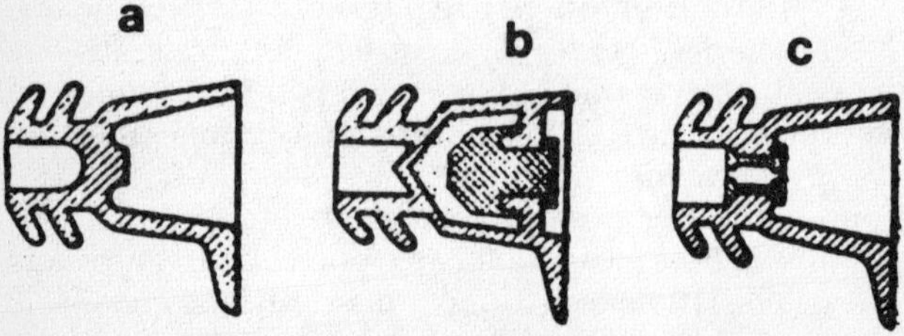

Fig. 35. — Divers modèles de bouchons d'oreille ; (a) homogène ; (b) remplissage en plastique et bouchon en cuivre ; (c) avec bouchon pourvu d'un orifice d'égalisation de pression (d'après A. Darabont, 1975, avec l'autorisation de l'auteur et des éditions Eyrolles)

de bruit est encore considéré comme dangereux, ou lorsqu'il s'agit de travailler auprès d'une machine bruyante pendant un temps court, pour la réviser par exemple.

Les moyens disponibles sont :

— de type interne, sous forme de *bouchons* introduits dans le canal auditif (fig. 35) ;
— de type externe, sous forme de *casques* couvrant entièrement le pavillon de l'oreille (casques serre-tête et casques serre-nuque), ou même de casques enveloppants couvrant toute la tête.

Leur efficacité se mesure par l'atténuation apportée pour les différentes fréquences. La figure 36 montre

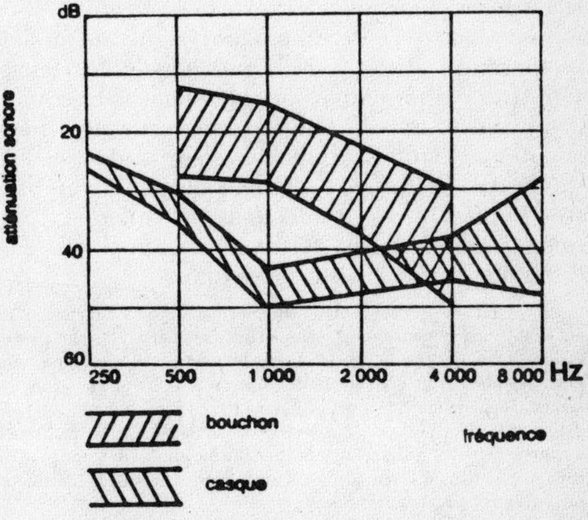

Fig. 36. — Atténuations respectives des bouchons d'oreille et des casques en fonction de la fréquence (d'après W.M. Schuller et coll., 1981, avec l'autorisation des auteurs et des éditions Eyrolles)

que les bouchons d'oreille sont aussi efficaces, et quelquefois plus, que les casques dans le domaine des fréquences particulièrement nocives pour l'audition (autour de 4 000 Hz). De plus, les bouchons, atténuant moins les fréquences graves que les casques, permettent, en principe, de continuer à percevoir les principales composantes des sons de la parole.

Les inconvénients des protecteurs individuels sont nombreux. D'abord la protection apportée est loin d'être constamment à son maximum, il suffit qu'ils soient mal placés ou qu'ils se déplacent pour annuler l'isolation. De plus, *ils sont tous difficiles à supporter :* ils gênent la circulation sanguine locale, entraînant des maux de tête. Pour assurer l'étanchéité acoustique des casques, la pression exercée sur l'oreille est forte ; leur poids est assez élevé (350 à 450 g) ; ils ne sont pas recommandés dans un milieu à température élevée car ils provoquent la transpiration. Les casques enveloppants tiennent bien mais ils compriment trop la tête et provoquent également la sudation. Quant aux bouchons, leur contact de longue durée avec la peau, à l'intérieur du conduit auditif, est très souvent cause d'infections et d'allergies. Malgré tout, il semble qu'ils soient mieux supportés que les différents casques, en port continu.

L'INRS (Institut national de Recherche et de Sécurité) a publié en 1980 un recensement très utile des appareils de protection individuelle contre le bruit. L'étude porte sur quarante modèles pour lesquels sont effectuées des mesures d'efficacité acoustique et de confort. L'AFNOR a publié en 1978 une norme NF S31-062 décrivant une méthode subjective de mesure de l'affaiblissement apporté par les protecteurs individuels, dans des ambiances de niveaux sonores élevés (100 dB dans chacune des 9 bandes de un tiers d'octave recommandées).

III. — Lutte contre les bruits de circulation

1. **Infrastructures.** — A) *Promotion des déplacements non motorisés et des transports en commun, pour diminuer le nombre des voitures en circulation.* — *Les moyens non motorisés* ne font pas de bruit et font gagner du temps (la vitesse de déplacement en ville est d'environ 5 km/h à pied, 14 km/h en vélo et 10 km/h en voiture). De plus, ils permettent des débits importants et ne prennent pas de place pour le stationnement.

Un développement des *transports en commun* pourrait également favoriser la diminution du bruit de circulation car il faut moins de véhicules pour un même nombre de personnes transportées ; de plus, leurs itinéraires étant déterminés le bruit est limité à certains axes.

B) *Modification de l'exploitation des routes.* — La *coordination des feux* rend le trafic plus fluide et diminue un peu le bruit. Elle peut permettre de le diminuer encore en agissant sur la vitesse des véhicules.

En *diminuant la vitesse*, à débit égal, on baisse le niveau de 6 à 8 dB. Simultanément, il est possible d'établir *des plans pour détourner la circulation* des rues mal adaptées, de limiter à certaines heures et à certains endroits la circulation des poids lourds.

On doit encore *éviter les fortes rampes* qui entraînent une augmentation du niveau de bruit de circulation (environ 1 dB(A) à chaque augmentation de 1 %). Exceptionnellement, en raison du coût, on utilise des *couvertures de routes.* Les *écrans* constitués par les talus et par les remblais sont efficaces, les

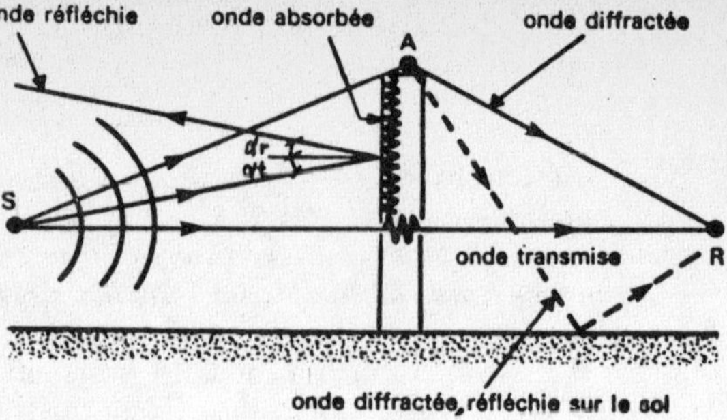

Fig. 37. — Schéma de l'effet d'écran

(S) source sonore ; (A) sommet de l'écran ; (R) position de l'observateur (d'après le *Guide des bruits des transports terrestres*, 1980, avec l'autorisation du CETUR)

barrières végétales le sont peu (10 m de végétation dense n'atténuent que de 1 dB). Autour des voies à circulation rapide, il faut créer des écrans efficaces. Pour être efficace un écran doit *dépasser largement* l'immeuble à protéger, de 150 m au moins de part et d'autre.

Lorsqu'une onde sonore rencontre un obstacle solide (un écran), une partie de l'énergie est réfléchie par l'obstacle, une autre pénètre l'obstacle où elle se transforme en vibrations mécaniques qui peuvent éventuellement rayonner de nouvelles ondes acoustiques. Enfin, le reste de l'énergie contourne l'obstacle mais il existe généralement derrière l'obstacle une zone où la pression acoustique est réduite (fig. 37). Dans le cas des écrans devant protéger du

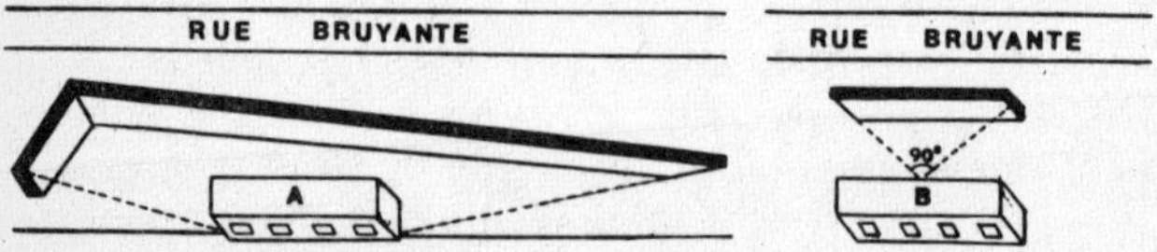

Fig. 38. — Protection d'un immeuble par un écran

(A) immeuble protégé ; (B) immeuble non protégé (d'après *Le bruit et la ville*, 1978, avec l'autorisation du CETUR) bruit de circulation, la source a une grande longueur (voie circulée) et l'énergie qui parvient sans diffraction par les côtés de l'écran est souvent très importante c'est pourquoi il faut allonger l'écran (fig. 38). De plus, le cœfficient d'absorption du sol intervient dans la prise en compte du rayon issu du sommet du mur et réfléchi sur le sol. Abaques, programmes de calcul automatique et essais sur maquettes sont utilisés pour la mise au point des écrans.

2. **Moyens d'acoustique prévisionnelle.** — Le « Guide du bruit des transports terrestres — Prévision des niveaux sonores », mis au point par les ministères des Transports et de l'Environnement, propose *une méthode de calcul simplifiée* pour l'estimation du bruit des routes.

L'Institut de Recherche des Transports a conçu *un programme « Bruit »* qui est disponible pour tout utilisateur. Il s'agit d'un programme informatique conçu pour évaluer le bruit en tous points d'un site traversé par une voie routière. Il effectue *une simulation* de la propagation sur la base de formules analytiques qui décrivent les phénomènes physiques (diffractions, réflexions, absorptions, effets de sol, etc.). Il effectue par ailleurs une simulation du trafic ; la plupart des infrastructures routières peuvent être simulées, des plus simples aux plus complexes.

Le Centre scientifique et technique du Bâtiment a construit à Grenoble un laboratoire destiné à l'étude acoustique des projets d'urbanisme, au moyen de *maquettes.* L'installation permet d'étudier la propagation du bruit de circulation automobile et de tout autre bruit dans les quartiers urbanisés de 1 km × 1 km, en utilisant une réduction de 1/100. La maquette permet de faire des prévisions qui tiennent compte des réflexions du son sur les façades des immeubles et des diffractions autour des obstacles de façon plus rigoureuse que les programmes de calcul automatique. Ces simulations utilisent des *ultrasons* au lieu de sons. Pour des raisons qui tiennent à la technologie des microphones, on ne peut plus bien mesurer les niveaux pour des ultrasons de fréquence supérieure à 100 000 Hz. C'est pourquoi on est obligé d'utiliser des maquettes assez grande (réduction au 1/100) pour étudier les bruits routiers (100 000 Hz/100 = 1 000 Hz) où les fréquences graves sont prépondérantes. On peut modifier la maquette pour mesurer les effets de différentes variantes de protection acoustique, par exemple la couverture partielle ou totale d'une chaussée.

Le Laboratoire central d'Hydraulique de France réalise les études de propagation du bruit en milieu urbain sur *des maquettes immergées dans l'eau.* Les phénomènes de diffraction et de réflexions sont similaires à ce qui se passe dans l'air. L'avantage est de pouvoir utiliser l'échelle du 1/500, donc d'avoir des maquettes de petites dimensions, et d'explorer une gamme de fréquences allant jusqu'à 3 000 Hz, en général. Ceci est important car, en tenant compte de la courbe de sensibilité de l'oreille humaine, pour les bruits de circulation, les composantes comprises entre 1 000 et 3 000 Hz contribuent autant à la sonie que celles comprises entre 50 et 1 000 Hz. On évite aussi un inconvénient des grandes maquettes consistant à sous-estimer les amortissements dus à la distance de propagation.

CONCLUSION

L'ensemble des nuisances dues au bruit est si grave que le ministre de l'Environnement créait, en 1982, un *Conseil national du Bruit*, instance nationale de consultation et de propositions. Ce Conseil comprend des élus nationaux ou locaux (10), des responsables d'organisations syndicales (7), des représentants de différentes organisations professionnelles et associations intéressées (18), des personnalités (5) et des représentants des différents ministères impliqués (14). L'objectif du gouvernement est « d'évaluer l'ampleur du problème, de mobiliser les administrations pour proposer les solutions les plus efficaces, compte tenu des engagements financiers en cause ». A cet effet un chargé du Bruit est nommé dans chaque département. Ce programme d'action de l'Etat sera complété par un effort de recherche ; l'effort budgétaire sera également dirigé vers des contrats de ville pilote en matière de bruit.

Il faut souligner le caractère positif de ces mesures et de la campagne de sensibilisation qui les ont accompagnées, mais on ne saurait se limiter à informer la moitié des Français que l'autre moitié se plaint du bruit.

D'une part, il faut s'*attaquer fermement aux causes du bruit* et très peu d'entre elles relèvent uniquement d'un effort de civisme qu'il s'agisse d'appliquer ou de faire appliquer les réglementations actuelles. Par exemple, on ne peut pas penser sérieusement supprimer la gêne créée par la circulation routière tant que, dans les villes, des poids lourds rouleront sur des chaussées pavées ou tant que des voies rapides non couvertes comme le boulevard périphérique traverseront des agglomérations comme la région parisienne. La limitation du bruit à la source devrait être dans la plupart des cas la préoccupation du législateur.

D'autre part, il faut poursuivre l'*effort de recherche* dans de nombreux domaines comme, par exemple, l'effet des bruits impulsionnels, et l'effet des bruits sur la santé.

Enfin, il faut *poursuivre les études de normalisations* en tenant compte de l'avis de toutes les catégories de personnes intéressées et en recherchant l'efficacité des mesures proposées.

Tout le monde s'accorde à dire que la constante évolution de notre civilisation technique contribue à développer le bruit. On oublie de souligner que cette même évolution contribue également à donner les moyens de le réduire. Le problème n'est pas un problème de comportement individuel, c'est un problème social et politique : *quel prix* veut-on payer ? Et surtout, *qui* va payer pour réduire suffisamment le bruit ? On commence à s'apercevoir que les pollutions diverses, dont le bruit fait partie, s'additionnent tout en se potentialisant mutuellement et qu'elles finissent par coûter très cher à la société en maladies, accidents, absentéisme, retards scolaires, comme le font toujours les mauvaises conditions de vie. La logique voudrait que les moyens dont nous disposons pour réduire les bruits soient mis en œuvre sans attendre un développement des sources de bruit encore plus anarchique que celui dont nous souffrons actuellement.

BIBLIOGRAPHIE SOMMAIRE

Acoustique, t. 1, 2 et 3, Recueil de Normes françaises, AFNOR (Tour Europe, Cedex 7, 92080 Paris-La Défense), 1980.
Dancer (A.), Effets lésionnels des bruits impulsionnels, Rapport CO 205/82 (ISL, BP 301, 68301 Saint-Louis), 1982.
Darabont (A.), La lutte contre le bruit, Paris, Eyrolles, 1979.
Dossier Bruit, revue Travail et Sécurité, Institut national de Recherche et de Sécurité (30, rue Olivier-Noyer, 75680 Paris Cedex 14), mai-juin 1978.
Guide du bruit des transports terrestres. Prévision des niveaux sonores, ministère de l'Environnement et ministère des Transports, ed. Centre d'Etudes des Transports urbains (8, av. A.- Briand 92220 Bagneux), 1980.
Hassal (J. R.) et Zaveri (K.), Acoustic noise measurements, Naerum, Danemark, ed. Brüel et Kjaer, 4e ed., 1979.
Kryter (K. D.), The effects of noise on man, New York, Academic Press, 1970.
Le bruit et la ville, ministère de l'Equipement, Ed. CETUR, 1978.
Levy-Leboyer (C.), Psychologie et environnement, coll. « Le Psychologue, », Presses Universitaires de France, 1980.
Liénard (P.) et François (P.), Acoustique industrielle, Paris, Eyrolles, 1983.
Mattei (J.), Bruit et prévention, *in* Précis général des nuisances, Paris, Guy Le Prat, 1972.
Meisser (M.), *La pratique de l'acoustique dans le bâtiment,* coll. « UTI », Paris, Eyrolles, 3e éd., 1978.
Mills (J. H.), Adkins (W. V.) et Gilbert (R. M.), Temporary threshold shifts produced by wideband noise, Journal of the Acoustical Society of America, 70, 1981.
Recueil des textes relatifs au bruit (t. I et II), Journal officiel (26, rue Desaix, 75732 Paris Cedex 15), 1980.
Scharf (B.), Loudness, *in* Handbook of perception, vol. IV : Hearing, New York, Academic Press, 1978.
Schuller (W. M.), Peutz (V. M. A.), de Ruiter (E. P. J.), Stevens (A. P. P. J.) et Straatsma (H.), Contrôle du bruit en milieu industriel, Paris, Eyrolles, 1981.
Silence (nos 68 et 81), revue de la Ligue française contre le Bruit (28, rue de Madrid, 75008 Paris), 1978 et 1981.
Zwicker (E.), *in* Facts and models in hearing, Berlin, Springer-Verlag, 1974.

TABLE DES MATIÈRES

Imprimé en France
Imprimerie des Presses Universitaires de France
73, avenue Ronsard, 41100 Vendôme
Avril 1984 — N° 29 594